予約のとれないサロンの

とっておき精油とハーブ
秘密のレシピ

健康・美容・食に役立つ香りの知恵袋

「アロマハウス ラ・メゾンフォーレ」代表
川西加恵

BAB JAPAN

はじめに

　肩こり、眼の疲れ、ホルモンのバランス……。私がずっと悩まされてきたことです。
　あるとき、私は友人から、疲れにいいとローズウッドという精油を紹介されました。1滴お風呂に垂らしただけなのに、心身が癒やされていくのがわかりました。その日から私はアロマの魅力に取りつかれたのです。
　やがて、自分のための香りが、誰かのために役立つことの喜びを知ります。私の家族のため、施術を受けに来てくださる方のため、学びに来てくださる方のため……。笑顔になってもらえることの喜びを、アロマやハーブからプレゼントされ、私はますます夢中になりました。
　娘が生まれると、あせも、風邪予防、虫よけ……原材料表示を見て、赤ちゃんにとっていいものって何だろうと考えるようになります。この商品に入っている成分は、何の役に立つのかな？と、パッケージの裏を見るのがくせになりました。調べると、自分が育てたり、扱ったりしているハーブや精油が代用できるではありませんか。精油やハーブの存在が、ますます愛おしくなりました。
　育てたハーブを乾燥させたり、シロップにしたりしながら、この植物が子どもの体を守ってくれると思うと、その植物たちに最大の感謝を込めるようになりました。
　小さなことですが、何もできない新米ママの自分

が、ちょっと手作りするだけで、安心と幸福感を得られるのです。幸せと思ったことは誰かに伝えたくなります。同じ悩みを抱えている人が喜んでくださると、それが私へ幸せのお返しをしてくださっているような気がするのです。

この本に載っているレシピはすべて、私自身が不調に悩み、考えて作り出したものです。

その中から、大切な友人や生徒の皆さんに役立てていただけたもの、家族のために作って喜ばれたものを厳選しました。レシピ集なので、精油やハーブの詳しい解説は、あまりありません（すでに素晴らしいハーブや精油の教本がたくさん出版されているので！）。その代わり、可能な限りの組み合せを載せたつもりです。

精油やハーブはさまざまな作用があるといわれていますが、薬ではありません。「治る」というのはタブーです。でも、ハーブの成分が薬に使われていることも事実です。その事実をふまえ、昔から使われている方法、現在の研究で働きがわかってきていることを知識として活かし、レシピを生み出しました。

どうか、ひとつでも多くご縁があって、この本を手にしてくださった方のお役に立てますように。

そして一人でも多くの方の笑顔の素が、この本から見つけられますように。

自然の恵みのアロマとハーブの素晴らしさが、少しでも伝わりますように。

予約のとれないサロンの
とっておき精油とハーブ
秘密のレシピ
Contents

はじめに …………………………………… 2
本書を使う前に必ずお読みください
　　　　　　　　　　　　　　　…………… 8

Part 1
生活を彩る香りのクラフト・料理

Beauty ビューティー

手作りパウダー ……………………………… 11
デオドラントジェル ………………………… 12
アンチエイジングオイル …………………… 13
ロールオンフレグランス …………………… 14
サンブロックパウダー ……………………… 15
簡単石けん …………………………………… 17
万能バーム …………………………………… 18
ヘアケアスプレー …………………………… 19
洗い流さないパック ………………………… 20
バスボム ……………………………………… 21
ロールオンレスキュージェル ……………… 22
ジェルフレグランス ………………………… 23
スキンケアキャンドル ……………………… 25
　チンキ2種 ………………………………… 26
　ハンガリーウォーター …………………… 27

Life ライフ

ハーバルミルクバスグッズ ………………… 29
バススプレー ………………………………… 30
ハンドスプレー ……………………………… 31
マスクスプレー ……………………………… 32
マウスウォッシュ …………………………… 33
ワンちゃん用香りのボトル ………………… 34
靴用シート …………………………………… 35
ケルンの水で作る芳香剤 …………………… 37
リードディフューザー ……………………… 38
キャンディサシェ …………………………… 39
香り玉 ………………………………………… 41
文香 …………………………………………… 42
ハーブ染め …………………………………… 44
　ハーブの寄せ植え ………………………… 46

Kitchen キッチン

クリームハーブチーズ ……………………… 49
ハーブピクルス ……………………………… 50
ハーブバター ………………………………… 52
ハーブマヨネーズ …………………………… 53

ハーブのおしゃれ衣 …………… 55

ハーブキャラメル …………… 56

マジックドリンク …………… 58

ハーブワイン …………… 59

コーディアル …………… 60

コーディアルで作るグミ …………… 61

ハーブミルク …………… 61

ラベンダー香る
　　　ミルクティープリン …… 62

ハーブラムネ …………… 64

ハーブグラニテ …………… 65

ホットケーキミックスの
　　　りんごケーキ …………… 66

ハーブが香るシロップ３種 ……… 68
桂花シロップ／ジンジャーはちみつ／
ハイビスカスシロップ

香りが呼び覚ます記憶 …………… 70

Part 2
毎日が輝きだす 精油とハーブの使い方

痛みの解消 ……………………… 72〜75
ストレスによる頭痛／血行不良による頭痛／
筋肉痛／関節の痛み・腱鞘炎・リウマチ・坐
骨神経痛／成長痛

疲労 ……………………………… 76
オーバーワークによる疲労／肉体疲労／
精神的疲労／夏バテ・秋バテ

不眠 ……………………………… 78
赤ちゃんの夜泣き

緊張・不安 ……………………… 80

やる気が出ない ………………… 81

肩こり …………………………… 82
肩のトリートメント

むくみ …………………………… 84

風邪・インフルエンザ ………… 86
予防に／はやり始めたら

のどの不調 ……………………… 88
のどの痛み／せき

冷え性 …………………………… 90

膀胱炎 …………………………… 91

PMS・月経痛 …………………… 92

更年期 …………………………… 93

便秘・下痢 ……………………… 94
がんこな便秘／乳幼児の便秘・下痢

食べ過ぎ・消化不良 …………… 96

貧血 ……………………………… 97

胃痛 ……………………………… 98
足裏のツボ

生活習慣病 ……………………… 100

眼の疲れ ………………………… 102

予約のとれないサロンの
とっておき精油とハーブ
秘密のレシピ
Contents

花粉症 …………………………… 104
虫刺され・かゆみ ……………… 105
記憶力の低下 …………………… 106
免疫力の低下 …………………… 107
ダイエット ……………………… 108
スキンケア ……………… 110〜119
しみ・傷跡／くすみ・くま／しわ（乾燥じわ、表情じわ）／敏感肌（乾燥、日焼け、ホルモンバランス）／オイリー肌／にきび（思春期にきび、大人にきび）／リフトアップ
デオドラント …………………… 120
口腔・口臭ケア ………………… 121
ヘアケア ………………………… 122
　ヘッドトリートメントの手順
ハンドケア ……………………… 124
季節ごとに好まれる
　　　香りの特徴 ……………… 126
春 ………………………… 128〜131
夏 ………………………… 132〜135
秋 ………………………… 136〜139
冬 ………………………… 140〜143
ハーブティーのいれ方 ………… 144
セルフトリートメント … 145〜147
顔／頭／腕／足／腰／おなか

気持ちを香りでコントロール …… 148
気持ちを落ち着かせたいときの
　　　　　　香り ……………… 149
気分が落ち込んでいるときの
　　　　　　香り ……………… 150
いやなことを忘れたいときの
　　　　　　香り ……………… 151
リラックスしたいときの香り …… 152
集中したいときの香り ………… 153
精油の禁忌表 …………………… 154
ハーブの禁忌表 ………………… 156
おわりに ………………………… 158
参考文献 ………………………… 160

＋αの知恵袋
敏感肌用の香りづけ ……………… 11
植物油 ……………………………… 13
ディフューザーの手作り ………… 38
ハーブのフレーバーソルト ……… 55
トリートメントの効果を上げるコツ … 113
フローラルウオーターパック …… 115

＋αのまめ知識

- ホワイトクレイ …………………… 12
- 二酸化チタン ……………………… 15
- 酸化亜鉛 …………………………… 15
- GSE ………………………………… 22
- 1/fゆらぎ ………………………… 24
- 無水エタノール …………………… 30
- 精製水 ……………………………… 30
- 遮光スプレー瓶 …………………… 31
- ケルンの水 ………………………… 36
- 石そ粘土 …………………………… 40
- ハーブ染めにおすすめの布 ……… 45
- 媒染剤 ……………………………… 45
- 元気な苗の見分け方 ……………… 47
- ハーブと紅茶の素敵な関係 ……… 62
- ノンカフェインの
  たんぽぽコーヒー … 131
- 千の用途をもつリンデン ………… 135
- 「紫馬簾菊」って、
  どんなハーブ？ ……… 139
- シナモン最強説！！ ……………… 143

本書を使う前に必ずお読みください

● 料理はもちろんですが、手作りの化粧品や日用品には保存料が入っていません。必ず手はしっかりと洗い、特に指はアルコールで消毒してから作るようにしましょう。保存期間の目安を入れていますが、香りが変わったら保存期間内でも使用を中止します。

● 本書の材料表にある精油や基材（化粧品などの材料となるもの）で、ごく少量の分量を提示している場合は、以下の計量スプーンを用意すると便利です。

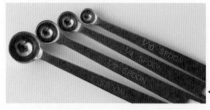

▲ 0.1mlの計量スプーン（上）とミクロスパーテル（下）。

◀ 計量スプーン　上から
0.1ml、0.25ml、0.5ml、1ml。

● アレルギーの方は、精油やハーブにも反応することがあります。また、キャリアオイルにも反応する場合があるので、たとえばナッツのアレルギーのある方はナッツ系のオイルは避けたほうがよいでしょう。ほかに、使用できない精油やハーブがある方もいます。それらをまとめた表を、154～157ページに掲載しています。必ず表で確認してください。

● 材料には使用回数の目安を入れています。回数のないものについても、成分摂取超過を避けるよう、一度にすべての分量を使用しないでください。

● 精油とハーブの、1日に1人あたり使える量についてお伝えします。精油は1人6滴、妊娠中や授乳中、乳幼児、ご高齢の方は3滴です。ハーブは、茶葉を入れ替えて飲めるのは3回までにしましょう。また、1種類だけをたくさん摂りすぎないようにブレンドします。ブレンドをすると相乗効果が働いて、体全体に働きかけてくれるというよさもあります。

● パート1でご紹介している「おすすめの組み合わせ」の滴数には必ず従ってください。本書のクラフトは、濃度を0.5～1％で分量を出しています。精油の強さに応じた計算法を習得している方は、「おすすめの精油」からお好みで選んで作ってもよいでしょう。「おすすめの組み合わせ」がないものについては好みの精油をおすすめの中からお選びいただき、分量に従ってください。

● 本書の材料表にある分量について、1カップ＝200ml、大さじ1＝15ml、小さじ1（ティースプーン1杯）＝5mlです。

● 材料表に「植物油」とある場合、13ページを参考にお好みのものをお使いください。

● 本書では、パート1で、精油やハーブを使った化粧品や日用品のクラフト、お料理やお菓子の作り方をご紹介しています。パート2では、ご紹介する精油やハーブとともに、使用例としてパート1のクラフトから最適なものを選んでご紹介しています。精油の「強さ」に応じて、最適な滴数も併せて記載していますので、ぜひ香りの力を日々の生活にお役立てください。

Part 1

生活を彩る香りの クラフト・料理

Beauty
ビューティー

植物が持っているやさしく強いパワーがつまった精油とハーブで、身体の内外を美しく整えます。華やかな花の香り、すっきりとした葉や樹木の香り、清涼感あふれる香りで、気持ちもリフレッシュします。

手作りパウダー

カオリンとコーンスターチの2種類のパウダーを使います。カオリンは水を吸収し、コーンスターチはサラッとした感触。お肌にのせると、カオリンはお肌の汚れを取り除き、コーンスターチはサラサラ感を演出してくれます。いいとこどりの安心パウダーです。

材料（作りやすい分量）

カオリン大さじ2
コーンスターチ大さじ2　精油2滴
ハーブパウダーミクロスパーテル20杯

道具

ミクロスパーテル　容器

準備

ハーブパウダーを49頁を参照して作る。

作り方

1. カオリンとコーンスターチを容器に入れてよく混ぜる。

2. ハーブパウダーを入れて混ぜる。

3. 2に精油を離して滴下し、よく混ぜる。半日ほど香りをねかせてでき上がり。

おすすめの組み合わせ

ローズウッド×フランキンセンス
ペパーミント×ラベンサラ

＋αの知恵袋
敏感肌用の香りづけ

妊娠中の汗っかきや赤ちゃんのオムツかぶれにもおすすめ。その場合は、ボトルに試香紙を入れて香りを定着させます。この方法はお肌が敏感な方にも。

デオドラントジェル

　汗にはもともと匂いがありません。汗をかいた皮膚で細菌が繁殖すると匂いが出ます。今回は殺菌作用が高いペパーミントウォーターを使用しましたが、同じように殺菌作用の高いティーツリーウォーターなどもおすすめです。

材料（6～8回分）

ミネラルジェル20g　ペパーミントウォーター5ml　ホワイトクレイ小さじ1　精油（2種類）各1滴

おすすめの組み合わせ

ペパーミント×ラベンダー
ティーツリー×ユーカリ
ミルテ×フランキンセンス

道具

10mlビーカー　ビーカー　保存容器

作り方

1. ペパーミントウォーターにホワイトクレイを加えて溶かし、ミネラルジェルに少しずつ加えて混ぜる。

2. ミネラルジェルに1を少しずつ加えて混ぜる。

3. 精油を加え、さらによく混ぜ、容器に移してでき上がり。

＋αのまめ知識　ホワイトクレイ

天然のクレンジングパウダーともいわれます。毛穴や皮脂の汚れを取り除いてスベスベにしてくれます。また、色が服などに付きにくいのも特長です。

Part 1 生活を彩る香りのクラフト・料理

アンチエイジングオイル

　精油には肌のハリや弾力を高めてくれて、皮膚再生をはかってくれるものが多くあります。その皮膚再生の高さから火傷の痕にも用いられるものもあります。アロマ（芳香）テラピー（療法）という言葉が生まれたのも実はこの皮膚再生力があったからなのです。アンチエイジングオイルはこの皮膚細胞の再生力を高めてくれるオイルです。

材料 (顔約10回分)
植物油 30ml　精油 5～6滴

道具
ビーカー　ガラス棒　遮光瓶

作り方
1. ビーカーに植物油を入れ、精油を滴下し、ガラス棒でよく混ぜます。
2. 遮光瓶に入れます。

保存
＊日のあたらないところにおき、1か月ほどで使いきります。

おすすめの精油
キャロットシード、ゼラニウム、ローズウッド、イランイラン、ローズマリー、マンダリンなど

おすすめの組み合わせ
キャロットシード1滴×ゼラニウム2滴×ローズウッド3滴
イランイラン×マンダリン×ローズウッド（各2滴）
ローズマリー1滴×ゼラニウム2滴×マンダリン2滴

＋αの知恵袋　植物油

　ホホバオイルには、保湿力と保護力が高く、アレルギーが出にくいという特徴があります。そのほかに、以下の植物油がおすすめです。

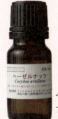

ヘーゼルナッツ

加齢とともに減少していくパルミトレイン酸が豊富。ただし、ナッツアレルギーの方はNG。

マカデミアナッツ

アプリコットカーネル

肌の老化の原因は、ターンオーバーがうまくいかなくなることがあげられます。新陳代謝が高いのでおすすめです。

ロールオンフレグランス

　口がロールになっている容器に入れると少量ずつ出るので、量を調整しながら出すものは便利です。首筋や手首、胸元など、直射日光にあたりにくく、体温の高い部分に塗りましょう。アロマの自然でやさしい香りが広がるフレグランスです。

材料（作りやすい分量）
植物油15ml　精油3滴

道具
ビーカー（小）　ロールオンボトル

作り方
① 植物油を計ってビーカーに入れます。
② 1に精油を入れます。
③ ロールオンボトルに移し替えたらでき上がりです。

保存
1か月ほどで使いきります。

おすすめの組み合わせ

ベルガモット×ホーウッド×ローズウッド
スタイリッシュで深みのある香り。

ラベンダー×オレンジ×ローズマリー
華やかで甘い香り。

ヒノキ×スペアミント×フランキンセンス
すっきりと清涼感のある香り。

ロールオンボトル▲
先にボールがつき、ボトル内の液がボールを伝わって肌につきます。ボールごとキャップをはずし、ビーカーの注ぎ口から少しずつゆっくりと入れます。

サンブロックパウダー

　汗止めパウダーで使われるホワイトクレイとともに、コーンスターチも入っているので、さらっとした肌触りが続きます。石けんで簡単に落ちます。パタパタとパウダーを舞い上げず、そっと抑えるようにパウダーをのせ、優しくのばしていきましょう。

材料（作りやすい分量）
コーンスターチ5g　ホワイトクレイ5g　二酸化チタン1ml　酸化チタン1ml　精油2滴

道具
パウダーケース　紙コップ

保存
1か月ほどで使いきります。

おすすめの組み合わせ
ラベンダー×ティーツリー

ラベンダー×カモミール・ローマン

フランキンセンス×ペパーミント

作り方

1. コーンスターチ、ホワイトクレイ、二酸化チタン、酸化チタンを合わせ、よく混ぜます。

2. 1のパウダーに、精油を同じところに滴下しないように落とします。同じところにドロッピングすると精油がだまになり、一部分だけが高濃度になります。

3. さらによく混ぜて、容器に移し替えます。

＋αのまめ知識

二酸化チタン
　紫外線を撹乱・反射させ、紫外線を皮膚に浸透させにくくします。こまめに塗り直す必要がありますが、その分肌にやさしいのが特徴。パウダーは、粒子が細かいので、吸い込まないよう顔は避け、身体へ使用しましょう。
　先述したように日焼け止め（SPF）の働きをします。SPFとは　Sun Protection Factorの略で、何も塗らなかったときと比べて、日焼けする時間をどのくらい先延ばしにできるかということを表しています。SPF1は20分で、SPF50というのは、20 × 50 = 1000分、つまり16時間40分は日焼けするまでの時間を延ばすことができるというわけです。

酸化亜鉛
　二酸化チタンで防ぐことができないA波長紫外線を反射してくれます。一般にＰＡ（Protection Grade of UVA）と表記されています。＋、＋＋、＋＋＋、＋＋＋＋で表します。肌の老化などを考えるとPAに対するプロテクトも重要です。通常の生活(買い物など)には＋＋のレベルで大丈夫です。
　消炎症、鎮痛、収れん作用があり、肌を乾燥させる性質があります。粒子の細かいものは日焼け後のスキンケアや皮膚炎、おむつかぶれ、湿疹の薬に使われています。

Beauty
ビューティー

材料（3個分）
石けん素地 100 g　ドライハーブティース プーン1杯　熱湯 15 ～ 20ml　精油 6 ～ 10滴　クレイ 1ml　植物油 10ml

道具
ビニール袋　ビーカー　ラップ

簡単石けん

　お肌の調子が悪いときにもおすすめです。乾燥する季節は保湿作用のある精油、汗をかきやすい方、にきびが気になる方は、清涼感のある精油を使いましょう。グリーンクレイには洗浄効果と殺菌効果があります。ミネラル成分が豊富で、汚れの吸着力にも優れています。

作り方

1 ドライハーブに熱湯を注ぎ、しばらくおいて濃いめに抽出する。

5 3を加え、このくらいのかたさになるまでこねる。

2 ビニール袋に石けん素地とクレイを入れて混ぜる。

6 好きな形を作る（前ページのように竹串で顔を描いても）。好みの型に入れてもよい。

3 植物油に精油を滴下する。

7 風通しのよい場所で乾燥させる。割り箸の上に置くと乾燥させやすい。

4 石けん素地とクレイに、濃いめに出した抽出液を少しずつ何回かに分けて加え、こねる。

おすすめの組み合わせ

ユーカリ2滴×スペアミント2滴×ヒノキ2滴
洗いあがりスッキリさっぱり。

ゼラニウム3滴×フランキンセンス3滴×ベルガモット4滴
皮脂バランスも整えてくれる。

万能バーム

ここでは、27ページでご紹介するハンガリーウォーターで作りましたが、さまざまなチンキに代えてもよいでしょう。

今回のクラフトのもう一つの主役はワセリンです。ローズマリーに含まれる抗酸化作用の働きを持つウルソール酸は、ワセリンにしか溶けません。ですから、チンキにローズマリーを使った場合は、ワセリンを使ってクリームを作る必要があります。ただしワセリンは、どうしてもベタつきが気になります。ミツロウを加えることで、ベタつきを軽減することができます。

材料（30mlの容器1個分）

ハンガリーウォーター（27ページ）10ml　ワセリン10g　ミツロウ3g　オリーブ油12ml

道具

エッセンシャルウォーマー　ビーカー　スパチュラ　クリームを入れるふたつき容器

作り方

①ハンガリーウォーター以外を耐熱容器に入れて湯せんにかける。

④ハンガリーウォーターがすべて入ったらなじませるように混ぜる。

②ミツロウが溶けはじめたら、エッセンシャルウォーマーでハンガリーウォーターを温める。

⑤湯せんをはずし、冷ましながらスパチュラで混ぜる。だんだん固まってくる。

③1が溶け、2のハンガリーウォーターが温まったら、静かにチンキ加える。

⑥スパチュラで5をとり、容器に入れる。

保存

1か月ほどで使いきります。

ヘアケアスプレー

　花粉症の季節なら、ネトルや抗酸化作用の高いルイボス、保湿力のあるリンデンなどがおすすめです。頭皮のかゆみを防ぎ、ハーブや精油の働きで健康な頭皮を保つことができるスプレーができ上がります。寝ぐせ直しにもおすすめです！

材料（150mlの遮光スプレー瓶1本分）
ハーブティー100ml（熱湯120mlにスペアミントティースプーン1杯）　オリーブ油10ml　精油1～2滴

道具
10mlビーカー　ガラス棒　遮光スプレー瓶

作り方

1　ハーブを熱湯で濃い目に抽出し、100ml用意する。

4　遮光のスプレーボトルに移す。

2　無水エタノールまたは植物油に精油を入れ、よく混ぜて乳化させる。

5　使用前は必ずよく振る。

3　1と2を混ぜ、ガラス棒でよく混ぜる。

おすすめの組み合わせ

ドライヘア
ラベンダー×ティートリー
サンダルウッド×ベルガモット

育毛
オレンジ×イランイラン

かゆみ
ティートリー×ユーカリ・ラジアタ

保存　1か月ほどで使いきります。

洗い流さないパック

アロエジェルはほてりをやわらげ、保湿力もうたわれていますが、手作りで保湿力をワンランク UP させたパックをつくってみましょう。しかも洗い流さなくていい！ らくちん魔法のパックです。

材料（2～3回分）
アロエジェル 30ml　オリーブオイル 2.5ml
精油 2～3 滴

道具
ビーカー　ガラス棒　容器

作り方
1. 10ml ビーカーにオリーブオイルと精油を入れ、ガラス棒で混ぜます。
2. ビーカーに入れたアロエジェルに 1 を入れてよく混ぜ、容器に入れます。

使い方
メイククレンジングや洗顔を行い、清潔な肌にたっぷりと塗ります。5 分程度おき、中指と薬指を使い、力を入れずに肌にすり込みます（145 ページ参照）。浸透したら、美容液やオイルなど、日常のケアをします。水分がたっぷり含まれているので、乳液、クリーム、化粧水はいりません。

保存
冷蔵庫保存なし、早めに使います。

おすすめの組み合わせ

イランイラン×キャロットシード×ゼラニウム
皮脂バランスを整え、細胞を活性化する働きが高い。

ラベンダー×クラリセージ×レモン
細胞の成長を促進、皮脂のバランスをとる。保湿作用が高い。

Part 1 生活を彩る香りのクラフト・料理

バスボム

巷(ちまた)で注目の重曹とクエン酸を使って、お肌すべすべ、体ポカポカのバスボムを作ります。ポイントは3つ。重曹とクエン酸をよく混ぜること。しっかりと固めること。よく乾燥させること。これを守れば炭酸シュワシュワのバスボムが簡単に作れます。

材料（1個分）
重曹 45ml　クエン酸大さじ 1 ½　はちみつまたはグリセリン小さじ ½～1　精油 2 滴

道具
ビニール袋　ビーカー　ラップ

作り方
1. 重曹とクエン酸をビニール袋に入れ、ビニール袋の口を閉じて、もまずに振り混ぜます。
2. ビーカーにはちみつまたはグリセリンを入れ、精油を滴下し、混ぜます。
3. 1と2を混ぜてよくもみます。
4. まとまってきたらラップにくるんで形を整え、ラップをはずして風通しの良い場所で2～3時間おき、乾燥させます。生乾きはかびの元になります。しっかり中まで乾かしましょう。

保存
ジッパーつきビニール袋などで湿気を避け、冷暗所で1カ月保存できます。

使い方
湯船に入れると、シュワシュワと泡が出ながら溶けます。

おすすめの精油
カモミール・ローマン　マンダリン　グレープフルーツ　ラベンダー

ビニール袋に空気が入った状態で振ると、まんべんなく混ざる。

中までしっかり乾燥させないとくずれるので注意。

ロールオンレスキュージェル

手軽に持ち歩けるので重宝します。スーッとするつけ心地で、疲れたとき、虫に刺されたとき、肩が凝ったときなど、いろいろにコロコロ塗れます。

材料（8ml分）
ペパーミントウォーター 4ml　アロエベラジェル 3ml　乳化剤 1ml　GSE 1滴　精油 1〜2滴

道具
ビーカー　10mlビーカー　ガラス棒　ロールオンボトル

作り方

1. アロエベラジェルにペパーミントウォーターを入れ、よく混ぜ合わせます。

3. しっかりと混ぜる。

2. 乳化剤を計り、精油を入れ乳化させ、1に入れる。

4. GSEを1滴落とし、しっかりと混ぜ合わせ、ボトルに入れる。使う前にしっかりふる。

保存
1か月で使いきります。

おすすめの組み合わせ

ローズマリー・カンファー×ベルガモット
気分転換に。

ユーカリ・ラジアータ×ティーツリー
頭がすっきり。

＋αのまめ知識

GSE（グレープフルーツシードエクストラクト）

防かび、抗ウィルス、殺菌が期待され、化粧品などの保存期間を長くするというデータが示されています。塗布すると肌を正常の弱酸性にし、さらに最近ではコレステロール、ピロリ菌にも一定の効果を示すといわれます。

ジェルフレグランス

　大好きな香水が、ジェルフレグランスという種類で販売されていました。自分の好きな香りで作れたら持ち運びにも便利、と作ってみました。ジェルリップの容器に入ったジェルフレグランス、入れるときに小さなガラスロートを使って入れると容器に移しやすくなります。

材料（12ml分）

精油3～4滴　乳化剤2ml　アロエベラジェル4ml　精製水6ml　キサンタンガム　ミクロスパーテル2杯

道具

ビーカー　10mlビーカー　ガラス棒　ガラスロート　ジェルリップボトル

作り方

1　10mlのビーカーに精油と乳化剤を入れ、ガラス棒で混ぜる。

2　アロエベラジェルと精製水を混ぜる。

3　ビーカーにキサンタンガムを入れ、乳化させた精油を加える。

4　2に3を少しずつ加えて混ぜ、ジェル化する。

5　リップスティック容器にロートを使って4を入れる。

保存

冷暗所で保存し、1か月程度で使いきります。保存期間内でも香りが変わってきたら、使用を中止してください。

おすすめの組み合わせ

オレンジ×ローズマリー×スペアミント（各1滴）

ローズウッド2滴×フランキンセンス1滴×ユーカリ・ラジアタ1滴

Beauty
ビューティー

＋αのまめ知識　1/f ゆらぎ

1/f ゆらぎとは、小川のせせらぎやそよ風のような、自然界に存在する癒やしのリズムのこと。キャンドルの光のゆらぎも 1/f です。視覚の癒やし効果ですね。

おすすめの組み合わせ

シダーウッド×マンダリン×ゼラニウム（各2滴）

ゼラニウム1滴×ペパーミント1滴×ベルガモット2滴

スキンケアキャンドル

ハリウッドのセレブから人気が出たスキンケアキャンドル。シアバターとみつろうをベースに簡単に作ることができます。火を灯したあと、しばらく香りを楽しみます。火の光は1/fのゆらぎがあるそうです。

材料（50mlの遮光容器1個分）

シアバター10g　みつろう5g　ココアバター5g　植物油3ml　精油4〜6滴

道具

ふたつきの遮光容器　台座　キャンドル芯　エッセンシャルウォーマー　割り箸

火をつけて香りを楽しみます（香りが立つまで約10分かかることもある）。火を消して数秒ほどおき、溶けたクリームを塗布します。乾燥肌やしわに効果的。

作り方

1　キャンドル芯を台座に通して先を折り、遮光容器にセットする。

3　エッセンシャルウォーマーに精油以外のの材料を入れて溶かし、火を消して精油を加える。

4　よくかき混ぜて容器に入れ、冷まます。ろうが固まったら割り箸をはずす。

2　割っていない割り箸で芯をはさみ、固定する。

保存

冷暗所で保存し、1か月程度で使いきります。保存期間内でも香りが変わってきたら、使用を中止してください。

チンキ2種

ドライハーブをアルコールにつけて抽出したものを、チンキまたはチンクチャーといいます。水溶性、揮発性成分だけではなく油溶性成分なども抽出され、さまざまな効果が期待できます。

1か月後には、エキスが出て液体の色が濃くなる。

材料（250ml 瓶1個分）

お好みのドライハーブを合わせて15g　ウォッカ（またはホワイトリカー）200ml　精製水

道具

ビーカー
保存瓶

作り方

1. 好みのハーブを選んで合わせます。成分の働きの強さ、抽出時間、香りなどを総合的に判断して分量を決めます。
2. 1を瓶に入れ、ウォッカを注ぎます。
3. 次ページの2を参照して作ります。
　＊このレシピは飲用できます。

保存

冷暗所におき、2年をめどに使いきります。

注意

アルコールの種類はウォッカやホワイトリカーがおすすめです。無水エタノールを精製水などで割ったアルコール水を使う場合は飲めません。

風邪をひいたときに

ジャーマン・カモミール（8g）＋エキナセア（7g）

眼精疲労に

アイブライト（6g）＋ブルーベリー（9g）

ハンガリーウォーター

　世界最古の香水で若返りの妙薬ともいわれた、ハンガリーウォーターもチンキの一種です。ハンガリーウォーターにはペパーミント、ローズマリー、ローズ、レモンピールなどをアルコール水につけて抽出します。飲用はできません。

材料（300ml 瓶1個分）

ローズ 5g　ペパーミント 10g　ローズマリー 10g　レモンピール 5g　無水エタノール 100ml　精製水 200ml

道具

ビーカー　保存瓶

作り方

1. 保存瓶にハーブをすべて入れ、エタノールと精製水を入れる。

2. 1日1回上下に返して振り、冷暗所に1か月ほどおいて抽出する。

3. コーヒーフィルターなどでこし、液体のみ保存瓶に入れる。保存は冷暗所。2年を目安に使いきる。

使い方

ローズマリーに含まれる抗酸化物質ウルソール酸への注目度が高まり、アンチエイジングが期待されています。ぬるま湯に1～2滴落としてうがいに、また湯船に5～6滴落として入浴するとよいでしょう。18ページの万能バームにも。

Life
ライフ

リビングで、洗面所で、浴室で……。自然でやわらかな香りが漂う生活空間は、無意識に人の心を和ませてくれます。心の癒しだけでなく、殺菌作用や防腐作用、風邪の予防など、身体の健康にもメリットがたくさん。ぜひご活用ください。

ハーバルミルクバスグッズ

ハーバルバスのよいところは、香りを楽しめてリラックスできるうえに湯冷めしにくく、お肌がツルツルになるところです。肩こりや冷え性、腰痛に役立ち、リラックスした身体は入眠をスムーズにしてくれます。このバスグッズは、乳白色で、お湯もとろりと柔らかい質感になります。

材料
お好みのハーブ合わせて大さじ1　スキムミルク15〜30ml　精油1〜2滴

道具
お茶袋パック2枚

作り方

1 ハーブとスキムミルクを混ぜる。

3 お茶パックを二重にする。こうすることで中のハーブがもれにくくなり、掃除が楽になる。

2 精油を加える。

4 3に2を入れ、口を閉じる。

おすすめの精油
オレンジ、ラベンダー、ローズウッド、フランキンセンス、カモミール・ローマン、グレープフルーツ、ティーツリーなど

おすすめのハーブ
セージ、ラベンダー、ジャーマン・カモミール、レモンバーム、レモンバーベナ

バススプレー

　ティーツリーの香りが大好きな方が、アロマバスでティーツリーを好んで用いていたところ、お風呂にかびが生えにくくなったという話を聞いたことがあります。ティーツリーには殺真菌作用を利用したバススプレーです。

材料（30mlの遮光スプレー瓶1本分）

精油6滴　エタノール5ml　精製水25ml

道具

ビーカー　ガラス棒　遮光スプレー瓶

作り方

1. 無水エタノールと精製水をビーカーに合わせ、精油を滴下します。
2. ガラス棒でよくかき混ぜて、遮光スプレー瓶に移し替えます。
   ＊お肌が弱く、精油を落としたアロマバスに入れない方にもおすすめ！　殺真菌作用があるといわれている精油（ティーツリーやゼラニウムなど）を使うと、かび予防にもなります！！

使い方

浴室を使う前にスプレーを3～4回くらい押して、全体にスプレーします。浴室を掃除したあと、最後に2回くらいスプレーして仕上げます。

保存

1か月で使いきります。

おすすめの精油の組み合わせ

ティーツリー3滴（2滴）×レモン3滴（1滴）
ゼラニウム2滴（1滴）×ラベンダー4滴（2滴）
ティーツリー2滴（1滴）×ラベンダー4滴（2滴）
ユーカリ・ラジアタ1滴（1滴）×ラベンダー5滴（2滴）
＊（　）内は妊娠中・授乳中・乳幼児向け

＋αのまめ知識

無水エタノール
エチルアルコール。揮発性が高く、水にも油にも溶ける性質がある。水を含んでいない状態では殺菌作用はなく、水と混ぜて殺菌・消毒作用をもたせる。飲用はできない。

精製水
滅菌や殺菌され、蒸留などの方法で濃度を上げた、比較的純度の高い水。通常、水道水には雑菌の繁殖を防ぐため塩素が入っているが、精製水には塩素が入っていないため、封を開けたら3日くらいで使うのが望ましい。

ハンドスプレー

　さまざまな感染症がニュースになり、ハンドスプレーが身近になってきました。精油の力を借りて、GSE（グレープフルーツシードエクストラクト。22ページ）という成分を加えてノロウィルスにも役立つスプレーを作ります。
　手洗いうがいなど清潔に気をつけたあとの仕上げに！　家族が集まる食卓ににシュッとひと吹きしてみましょう。そして、掃除用にも。トイレのドアノブなどにお掃除の後にシュッとひと吹きしておきましょう。意外とドアノブからの感染が多いといわれているので予防に一役買ってくれますよ。

材料（30mlの遮光スプレー瓶1本分）

精油6滴　乳化剤5ml　ペパーミントウォーター25ml　GSE6滴

道具

ビーカー　ガラス棒　遮光スプレー瓶

作り方

1. 精油をビーカーに入れて乳化剤を滴下し、ガラス棒で混ぜて乳化します。
2. ペパーミントウォーターを1に入れ、さらに混ぜます。
3. グレープフルーツシードの抽出液を加え混ぜ、遮光スプレーに移します。
   *香りを変えて何本か作り、小まめにスプレーをすると香りも楽しめます。

保存

1か月程度で使いきります。

おすすめの精油

抗菌、抗ウイルス作用のある精油です。
ローズマリー、ティーツリー、ユーカリ・ラジアタ、ラベンダー、ニアウリ、タイム、ゼラニウム

おすすめの組み合わせ

ユーカリ1滴×ラベンダー4滴×ローズマリー1滴
ユーカリ1滴（1滴）×ラベンダー3滴（1滴）×ティーツリー2滴（1滴）
＊（　）内は妊娠中・授乳中・乳幼児向け

＋αのまめ知識
遮光スプレー瓶

でき上がった手作り化粧品には保存料が入っていないので、なるべく早めに使いきるようにする。容器は、紫外線による品質の劣化を避けるために、遮光瓶に入れるとよい。容器の材質は、精油によってはプラスチックを溶かすものもあるので、瓶がおすすめ。煮沸消毒などし、清潔なものを使うこと。

マスクスプレー

　インフルエンザなどの予防には、吸入で殺菌作用や抗ウィルス作用のある精油成分を取り入れることが有効であるといわれています。近年、シナモンのシンナムアルデヒドという成分が風邪やインフルエンザに有効的であることが、千葉大学などの研究でわかってきました。シュッとひと吹きしてマスクの予防力を UP させましょう。香りがあると、マスクをするのも楽しくなります。

材料
精製水 27ml　乳化剤 3ml　精油 3 〜 6 滴

道具
ビーカー　ガラス棒　遮光スプレー瓶

作り方
1. 精製水、乳化剤をビーカーに入れ、ガラス棒で混ぜます。
2. 精油を入れてさらに混ぜます。
3. 遮光スプレー瓶に移し替えます。

保存
1 か月で使いきります

おすすめの精油
シナモン、フランキンセンス、ティーツリー、スペアミント、ユーカリ・ラジアタ、ベルガモット、ゼラニウム、レモングラス

おすすめの組み合わせ
シナモン×フランキンセンス×スペアミント（各 1 滴）
フランキンセンス 2 滴（1 滴）×ユーカリ・ラジアタ 1 滴（1 滴）×ティーツリー 1 滴（1 滴）
＊（　）内は妊娠中・授乳中・乳幼児向け

◀鼻の近くなのでこの滴数の濃度を守ること。マスクの外側にスプレーするのがポイントです。内側は、肌に直接精油がつくので NG！

マウスウォッシュ

　マウスウォッシュには、殺菌作用、抗菌作用、抗炎症、収れん作用などのあるハーブがおすすめです。食後、私たちの口の中は酸性に傾き、虫歯になりやすくなります。弱アルカリ性の重曹が口腔内を中和して虫歯菌を抑制し、歯の表面のエナメル質の再石灰質を促してくれるので初期段階の虫歯予防に役立つといわれています。さらに、重曹は弱アルカリ性なので、口腔内の細菌の働きを弱め、口臭予防にもつながります。

材料
ドライハーブ（2〜3種類）合わせて大さじ1　水500ml　重曹（食用）小さじ1

道具
鍋　お茶パック1枚　保存容器

作り方
1. ハーブはお茶パックに入れます。
2. 鍋に500mlの湯を沸かし、火を止めてハーブを入れます。そのまま5分〜10分ほどおいて抽出します（抽出時間はハーブによって変わる）。
3. ハーブを取り出し、粗熱を取って重曹を加えます（高温の段階で重曹を入れてしまうとアルカリ度が高くなる）。
4. 清潔な保存容器に移す。

使い方
使う分だけカップに移し、口をゆすぎます。口の中の葉と唇の間や頬の裏側など、すみずみまでゆすぐと、口腔ケアをしながら口のまわりのしわも予防してくれます。

保存
冷蔵で保管します。1週間ほどで使いきりましょう。期限が来る前でも風味が変わっていたら使用をやめてください。

おすすめのハーブ
ペパーミント、スペアミント、フェンネル、タイム、ラベンダー、ローズ、カモミール、ユーカリなど

ワンちゃん用の香りのボトル

　お散歩に行くとき、トイレのエチケット用の水に精油を入れておくアイデアのご紹介です。ワンちゃんがトイレをしたあと、香りの水をかけます。ふわっといい香りが漂って、エチケットにおすすめです。

　実はこの香り、そのあとに別のワンちゃんが同じ場所にトイレをするのを防いでくれる作用のあるものを選んでいます。お散歩から帰ったら、余った水を打ち水しておくと、家のまわりに粗相されることが減ります。

材料（作りやすい分量）
水 500ml弱　精油 5～6滴

道具
空のペットボトル 1本

作り方
1. 空いたペットボトルに水を入れます。精油が入る分だけ、ほんの少しあけます。
2. 精油を水を入れたペットボトルに滴下し、よく振ります。
　＊使うたびによく振りましょう。

おすすめの精油
ペパーミント、スペアミント、サンダルウッド、シナモン、クローブ、ティーツリー

おすすめの組み合わせ
ペパーミント1滴×スペアミント1滴×サンダルウッド2滴

ペパーミント1滴×スペアミント1滴×ティーツリー1滴

◀犬のきらいな香りや殺菌力のある精油を選ぶとよい。

靴用シート

シューズボックスの中の湿気や臭い、汚れをどうにかしたいと思ったときに役立つものが2つあります。1つが新聞紙。靴の下にひくことによって汚れと湿気を除去する働きが期待できます。2つめが重曹です。湿気はもちろんにおいも除去してくれるうれしいアイテムです。これに好みの香りや殺菌作用のある精油を加えると、シューズボックスを開けた瞬間にいい香りがして、玄関までも自然な香りが広がる空間になります。

材料
重曹45ml　精油3滴

道具
ビーカー　ガラス棒　テープ　新聞紙2枚

作り方

1　重曹に精油を滴下し、ガラス棒でよく混ぜる。

3　1を新聞紙の袋部分に入れ、開いている口を折ってテープでとめる。

2　広げた新聞紙を2枚重ねにして半分に折り、さらに、シューズボックスの奥行きの長さに調整しながら折る。両サイドを折ってテープで止め、袋状にする。

4　シューズボックスのたな板の上に、重曹を平らにならして敷き、靴を並べます。

使い方
湿気もにおいも防いでくれる万能シートです。新聞を重ねて作ると破れにくくなります。ひと月程度で交換します。古くなったシートは口を開け、クレンザーとして玄関のたたきを掃除するのに使うとよいでしょう。

おすすめの精油
スペアミント、ラベンサラ、ペパーミント、ゼラニウム、ユーカリ・ラジアタ、レモン、レモングラス

Life
ライフ

ポリマーには消臭効果があります。ポリマーが水を吸収してジェル状になると、表面に微細なデコボコができます。そのデコボコに臭いの原因物質が吸い込まれ消臭されます。

＋αのまめ知識　ケルンの水

「ケルンの水」のケルンは、ドイツの北西部ライン川河畔に位置するドイツ有数の産業都市です。18世紀初頭（神聖ローマ帝国時代）、ひと旗あげようと、さまざまな地域から人々が移住してきました。当時のケルンは衛生状態が悪く、街中は悪臭に悩まされていたため、臭い消しとしてムスクのような重厚な香りが使われていました。

そこで、北イタリア出身のヨハン・マリア・ファリーナは、当時イタリアで流行っていた「アクア・ミラビリス（驚異の水）」という香水をケルンで売りはじめました。「アクア・ミラビリス」は爽やかなベルガモットの香りが広がり、当時の社交界で人気を博します。これがやがて「ケルニッシュ・ヴァッサー（ドイツ語でケルンの水）」と呼ばれ、フランスでは「オー・デ・コロン」と呼ばれるようになるのです。

ケルンの水で作る芳香剤

　軽い香りの香水を、オーデコロン（Eau de Cologne）と呼びますが、オー（Eau）＝水、コロン（Cologne）＝ケルンとなり、フランス語で「ケルンの水」という意味です。

材料（200〜500mlのふたつき容器1個分）
ポリマー 200g〜500g　好みの飾り 適量
精油 15滴

道具
ふたつきの広口瓶（口の広めのビンが理想的）
紙コップ　割り箸

作り方

1. 紙コップにポリマーを入れて精油を滴下し、割り箸で混ぜます。

2. ビンの底から2〜3cm程度まで1を入れます。

3. 飾りを置き、残りの1を瓶の八分目まで入れます。

4. ポリマーが足りないときは、精油を混ぜたポリマーを残して加えます。時間が経つと透明になります。

保存
直射日光の当たらない窓に置くと、香りが立ちやすくなります。香りがなくなったら破棄します。

＊ポリマーの量は少ないほど香りが強くなります。小さいお子さまといっしょのときは、ポリマーの量を多め（500g）にし、大きめの瓶を用意しましょう。

おすすめの組み合わせ
ケルンの水のブレンド
ベルガモット2滴×オレンジ2滴×レモン2滴×マンダリン2滴×グレープフルーツ1滴×ジャスミン1滴×イランイラン1滴×ラベンダー2滴×サンダルウッド2滴
＊ジャスミンがない場合はグレープフルーツを2滴にします。

リードディフューザー

　市販のリードディフューザーを購入しようとして驚くほど高い価格で販売されているのでビックリしたことはありませんか？　いくつかのポイントを抑えると、手作りできます。リードの素材は？　精油を希釈するキャリアは？　手作りならではの工夫を凝らしました。

材料（20mlのボトル1個分）

エタノール 15ml　グリセリン 2ml　精製水 3ml　精油 16〜20滴　好みの空き瓶　ラタンスティック 10本

道具

ビーカー　ガラス棒　空き瓶

作り方

1. ビーカーにエタノールとグリセリン、精製水を入れ、ガラス棒でよく混ぜます。
2. 1に精油を加え、さらによく混ぜます。
3. 空き瓶に2を注ぎ、バランスよく切ったラタンスティックを差します。

おすすめの精油

トップノート
ペパーミント、ベルガモット、グレープフルーツ、ライム、レモンリツェア、ティーツリー

ミドルノート
ゼラニウム、マジョラム、プチグレン、ラベンダー（トップミドル）

ベースノート
イランイラン、パチュリ、シダーウッド、サンダルウッド

おすすめの組み合わせ

グレープフルーツ 7滴×ライム 2滴×マジョラム 5滴×パチュリ 2滴

プチグレン 4滴×ラベンダー 10滴×レモンリツェア 2滴×ティーツリー 4滴

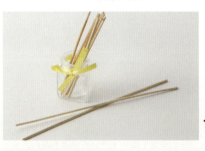

◀ リードは竹串や割り箸で作ることもできるが、精油の吸い上げのよいラタン（籐）が理想的。

+αの知恵袋　ディフューザーの手作り

　香りのクラフトで重要なのが、ノート（NOTE）です。ノートは揮発性の速さ、持続性などで分けられます。揮発が早く、持続性が短い順にトップ、ミドル、ベースといいますが、この3種類のバランスを考えて作ると香り立ちが早く、香りが長く続きます。

　通常、リードディフューザーで香りを楽しむとき、精製水と無水エタノールでキャリアを作り、精油を加えて作ります。ただし揮発が早い分、香りが薄くなるのが早いので、ここにグリセリンを加えます。そうすることで、香りの持続時間が長くなります。

キャンディサシェ

　小さくてかわいいサシェは引き出しに、かばんの中に、と忍ばせることができて重宝します。一つ一つ香りを変えて楽しむこともできます。お気に入りの布とリボンと香りでたくさん作り、いろいろなところで楽しみましょう。

材料（1個分）
ウッドチップ1個　好みの布（10cm×10cm）1枚　精油6～10滴　リボン（長さ15cm）×2本

おすすめの組み合わせ
スペアミント2滴×ティーツリー3滴×ライム3滴

レモングラス1滴×ローズマリー3滴×ペパーミント2滴

イランイラン3滴×ローズウッド4滴×ゼラニウム3滴

作り方

1

ウッドチップに精油を滴下する

2

布の上下を5mm～1cm程度折り、1を包んで両端をリボンで結ぶ。
＊香りは約一月ほど持ちます。

Life
ライフ

＋αのまめ知識　石そ粘土

　紙粘度のように軽くて、石膏のように固まる石そ粘土は、石を細かく砕いて作ったものです。手芸店などで販売されています。色つきのものがありますが、白色を使うと好みの色に作れます。色づけは食紅、アースピグメントなどで行います。色水をごく少量ずつ加え、様子をみながら好みの色合いにしていきます。この水分量によって中心核の乾き方に違いが出ます。

香り玉

　石そ粘土（石粉粘土）を使い、食紅などで色づけして、精油でオリジナルの香りづけをします。オーガンジーの袋に入れるとプレゼントにも。身近に置けば、誰にも気兼ねなく自分だけの香りを楽しむことができます。

材料
石そ粘土40g　精油10滴　色素（アースピグメントや食紅。赤・青）ごく少々　オーガンジーの袋

道具
ビーカー　ビニール袋2枚　クッキングシート　紙コップ

おすすめの精油
P39のブレンドを参照

作り方

1 粘土を半分に分け、それぞれをビニール袋に粘土を入れ、それぞれに色素成分を少しずつ入れて好みの色合いにする。

2 粘土が固まる前に直径1cm程度の玉を作る（8〜10個程度が目安）。固まると若干小さくなる（縮小の割合は販売元やグレードで変わる）。

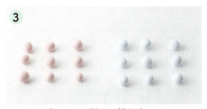

3 クッキングシートに置いて乾かす。

4 香り玉が乾いたら紙コップに入れ、精油を滴下する。香りがなくなったらまた精油を滴下する。

オーガンジーの袋に入れるとプレゼントにもぴったり。▼

文香

　文香とは手紙と一緒に香りを贈る小さな匂い包みのことです。ある方からお手紙をいただいたとき、封を開けたら、ふっとやさしい香りを感じ、中を見ると、かわいらしい包みが入っていました。薄情にも、10年近く前のその手紙の詳細は忘れてしまいましたが、送ってくれた方のお名前とその香りは今でもよく覚えています。

材料（3〜4個分）
お香パウダー小さじ1　和紙（8cm×8cm）3〜4枚　千代紙の折り紙（8.5cm×8.5cm）3〜4枚　精油10滴

道具
紙コップ　さじ　のり

保存
湿気ないよう、乾燥剤などといっしょにジップつきのビニール袋に入れるか、缶に入れる。

おすすめの精油
好みの香りをどうぞ。

作り方

1
紙コップにお香パウダーを入れ、精油を滴下してさじで混ぜ、香りをなじませる。

2
右を参照し、折り紙でお香を入れるものを折る。

3
和紙でお香を包み、**2**で折ったものにお香を包んだ和紙を入れる。

折り方

1
千代紙を対角線に折り目をつけ、対角線から各頂点までを1/3ずつ折って線をつける。

2
頂点から2/3のところに対向の頂点を合わせて折る。

3
びょうぶだたみで1/2のところで折り、さらに半分に折る。

4
位置を90度ずらし、折り込んでいるところはそのまま2/3のところに頂点を合わせて折る。

▶▶

Part 1 生活を彩る香りのクラフト・料理

再度**2**、**3**のように折る。

再度90度位置をずらして同様に折り、文香を入れる。

最後の角も同様に折り、片側が必ず下になるように折り入れる。

順々に下に折り入れていくので、開きにくくなる。

ハーブ染め

　無添加のハーブで染色にチャレンジしてみましょう！　植物の自然な色を生かすので、同じハーブでも染めるたびに色が微妙に違うのもおもしろいものです。

材料

カモミール5〜10ｇ　水500ml　《みょうばん5ml　熱湯5ml》　木綿のハンドタオル1〜2枚

道具

お茶パック1枚　ビーカー　菜箸　ボール（大）

作り方

1. 鍋に水と、お茶パックに入れたカモミールを入れ、火にかける。

4. タオルを取り出し、**3**を加えてよくかき混ぜる。

2. 沸騰したら茶葉を取り出し、弱火にしてハンドタオルを入れ、10分煮る。

5. タオルを鍋に戻し、火を止めて冷めるまでおく。

3. 熱湯にみょうばんを入れ、溶かす。

6. 流水でタオルを洗い、風通しのよいところに干して乾かす。

+αのまめ知識
ハーブ染めにおすすめの布

シルク
たんぱく質繊維でよく染まる。低温でも染色しやすい。

ウール
シルクと同じたんぱく質繊維でよく染まる。ただし、強火の状態で染め、染め上がりは徐々に温度を下げる。

ナイロンやビニール
合成繊維のなかでもよく染まる。

木綿
シルクに比べると染まりにくいといわれている。

媒染剤

色止めです。この媒染剤によって色の出方が変わります。

みょうばん
ハーブの色合いに近い。黄色や茶系に発色されることが多い。

鉄媒染
グレーに発色されることが多い。

＊上の写真は、上のクリーム色〜黄色の3枚はカモミールを使い、媒染剤にはみょうばんを使いました。下のピンク色のタオルハンカチは、ハイビスカスに媒染剤をみょうばんにしました。

ハーブの寄せ植え

　苗の相性は、根の強さ、日照、水分量、耐寒性などによって考えます。根の強いものは、数年で土に還るポットを活用すると、根の広がりを抑えると同時に、苗が大きくなったらそのまま植え込んでしまうこともでき、便利です。

材料
苗　土（培養土またはハーブに合わせた土）
排水溝ネット　鉢底の軽石　ウッドチップ
鉢

道具
スコップ

植え方

1. 軽石を排水溝ネットに入れ、鉢底に入れる。

4. 仮置きした高さを見ながら土を入れる。背の高いものや鉢の奥に植えるものから配置する。

2. ミントは根が強く、ほかのハーブを侵食するので、土に還る素材のポットごと植える。

5. ポットから苗を取り出して鉢に入れる。苗と苗の間には土をしっかり入れる。

3. 苗の高さを土で調整。植える前に置いて確認する。

6. 土が流れないようウッドチップなどを敷く。夏は保水され乾燥を防ぐ。

ペパーミントとワイルドストロベリー、ジャーマン・カモミールの寄せ植え

＋αのまめ知識
元気な苗の見分け方

根の白いものは、酸素がしっかりと行き渡っています。根が茶色でも問題はありませんが、白の場合は、さらに良質です。購入してきた苗に白が多かったら良質な苗を入れている園芸店といえます。

キッチンにおすすめ！
チャイブ、タイム、イタリアンパセリ

入浴用におすすめ！
ユーカリ、ラベンダー、ティーツリー

Kitchen

キッチン

ハーブを使ったお料理とお菓子、ドリンクをご紹介します。ドライハーブは保存がきくのでいつでも使え、香り、効果も、生のものより高くなります。ハーブの風味を「食」の面から、さまざま使い方で楽しみます。

クリームハーブチーズ

水きりヨーグルトで作るヘルシーなクリームチーズ風ディップです。コーヒーフィルターを使うと、上手に水きりできます。

材料
プレーンヨーグルト（低脂肪ではないもの）100g　ハーブ（2種類）合わせて小さじ2　塩少々　レモン少々

作り方

ヨーグルトをコーヒーのペーパーフィルターに入れ、最低でも2～3時間水きりする。

しっかり水気をきったところ。

ハーブをミルにかけて粉末状にし、ハーブパウダーを作る。茶こしでこすと、口あたりがなめらかになる。

3に塩を合わせ、レモンをふった2に加えてよく混ぜる。

＊好みで、ガーリックパウダーやおろしにんにくを加えても。クラッカーやパンに添えたり、野菜のディップにどうぞ。

おすすめのハーブ
ここではミントとバジルを同量で作りました。ミントはにんじんとよく合い、バジル、タイムなどのスパイス系は魚貝類や野菜のディップにおすすめです。

ハーブピクルス

　ハイビスカスをプラスして、野菜に美しい色をつけました。ハーブは、好みの香りのものを選ぶとよいでしょう。野菜は旬のものや、赤キャベツやパプリカ、ラディッシュ、カリフラワーなどもおいしくいただけます。

材料（500mlのふたつき瓶）

きゅうり2本　にんじん½〜1本　セロリ1本　大根⅓本　ピクルス液《水600ml　酢45ml　塩大さじ1½　にんにく1片　ローリエ1枚　タイム小さじ⅔　フェンネル小さじ⅓　ハイビスカス小さじ¼　好みで赤唐辛子1本(辛味を強めるときは2本でもOK)》

作り方

1. 野菜は同じくらいの太さに切りそろえる。長さは瓶に合せ、いただくときに食べやすく切るとよい。ピクルス液は、水と酢、塩を合わせて火にかけ、1分煮立てて火を止める。

2. 野菜は熱湯で20秒ほどゆでてざるに上げる。

3. 清潔な保存瓶にピクルス液のハーブ、薄切りのにんにく、野菜を彩りよく入れる。

4. ピクルス液を注ぎ、野菜が出ないようにしたらふたをし、冷ます。

食べ方・保存

冷蔵保存し、翌日から浅漬けのように食べることができます。1週間たつと食べごろです。2〜3週間で食べきります。

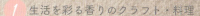 生活を彩る香りのクラフト・料理

ピクルス液に使ったハーブ

タイム

ハイビスカス

フェンネル

ローリエ（にんにく）

Kitchen
キッチン

作り方

バターを室温で柔らかくし、ミルにかけて細かくした好みのハーブを混ぜる。

1にレモン汁を入れて、よく混ぜる。

ラップにくるんで形を整え、冷蔵庫で冷やし固める。使う分ずつ切る。

ハーブバター

好みの香りのハーブを組み合わせたら、香りも味も無限大に変えることができます。いつもの料理がワンランクアップしますよ。

材料
バター100ｇ　ドライハーブ（2種類）合わせて小さじ山盛り1　レモン汁少々

食べ方
パンにつけるのはもちろん、肉や魚のソテーやバターライス、また、手作りポップコーンの味つけにもおすすめです。

おすすめのハーブ
ここでは、オレンジとバジルを同量使いました。ほかに、タイム、オレガノ、ローズヒップ、レモンバームなどもおすすめです。

オレンジピール

バジル

ハーブマヨネーズ

　マヨネーズは何語かご存知ですか？　実はフランス語です。18世紀フランスのリシュリュー将軍が、地中海にあるメノルカ島のマオンで出合い、そのおいしさに感動して「マオンのソース（マヨネーズ）」をフランスに持ち帰ったといわれます。ちなみに「マヨネーズ」という名前をつけたのは、リシュリュー将軍の息子といわれています。

材料
マヨネーズ50g　好みのドライハーブ（2種類）合わせて小さじ1½

作り方
1. ハーブをミルにかけ、好みの細かさにします。さらに茶こしでふって細かくすると、より風合いがよくなります。
2. マヨネーズにハーブを加え、しっかりと混ぜ合わせます。
3. 清潔なふたつきの瓶に移します。

保存
2〜3日程度で食べきるようにします。

タイム　　　　　オレガノ

おすすめハーブ

ここでは、タイムとオレガノを同量ずつ加えました。ほかに、バジル、スペアミント、マジョラム、タラゴンなどがおすすめです。

ハーブのおしゃれ衣

　パン粉とハーブは相性抜群です。しかも、パン粉＋ハーブの組み合わせを衣にしたフライは、しっかりとした味わいを感じることができるので塩分を控えめにできます。フライを揚げている間、ハーブのいい香りがキッチンに広がり幸せな気分になります♪

材料
パン粉1カップ　好みのハーブ（2～3種類）合わせて小さじ2～3

作り方
① パン粉にハーブを混ぜます。
　＊粉チーズ小さじ2を加えてもおいしくなります。

〈おしゃれ衣でえびフライ〉
材料（2人分）と作り方
① えび6尾は背わたを竹串で抜いて、頭と殻を除き、反対にそらせます。
② 薄力粉、卵各適量を順につけ、おしゃれ衣をまぶします。170℃の揚げ油でカラリと揚げます。レタスやプチトマトなどの野菜を添えます。

おすすめハーブ
バジル、タイム、オレガノ、タラゴン、ローズマリー
＊粉チーズを加えるときはマジョラムも美味。

えびを反対にそらせることで筋が切れ、過熱しても丸まらない。

＋αの知恵袋　ハーブのフレーバーソルト

好みのハーブを合わせると、風味が一段とよくなり、おしゃれ衣のように塩分控えめでも充分おいしくなります。塩は岩塩がおすすめ。塩の1/2の量のハーブと合わせてミルにかけ、細かくします。

ルイボスソルト
ルイボス独特の風味が、驚きのさわやかさに！

レモンソルト
レモンピールとレモングラス。ダブルレモンのさっぱりさがやみつきに。

イタリアンソルト
バジルとオレガノの組み合わせは何とでも好相性。

ハーブキャラメル

　口に入れたとたん、舌の上でとろける生キャラメル。その舌触りのよさはそのままに、ラベンダーとミントの風味が加わります。この組み合わせは、サロンでも大好評！　ぜひ一度お試しいただきたい、奇跡のおいしさです。

材料
ドライラベンダー、ドライミント各小さじ1　牛乳250ml　砂糖50g　バター30g　ワックスペーパー

おすすめハーブ
ミントは、スペアミントもペパーミントも合います。そのほか、ローズ、フェンネルもおすすめです。

作り方

1. ラベンダーとミントはお茶パックに入れ、温めた牛乳に入れる。弱火で10分ほど、ハーブを抽出する。

4. 水分が飛んでトロッとしてきたら弱火にして混ぜ続ける。

2. ハーブを取り出し、砂糖、バターを加えて中火にかける。

5. キャラメルの生地がもったりとしてまとまってきたら、冷水に少量を入れて固さを見る。固まったら火から下ろす。

3. 木じゃくしで混ぜ、火加減を調整しながら、焦げつかないように混ぜる。

6. オーブンペーパーを箱形に作り、**5**を流して冷蔵庫で固める。適当な大きさに切り分け、ワックスペーパーで包む。

保存
冷蔵庫で保存し、1週間以内にいただきます。

生活を彩る香りのクラフト・料理

マジックドリンク

　飲み物の持つ比重の違いを活かしたドリンクです。ちょっとしたおもてなしにもぴったりです。

材料

ハイビスカス小さじ1　熱湯（98℃）200ml
乳酸菌飲料（濃縮タイプ）適量　氷

作り方

① ハイビスカスを熱湯に入れ、4分間抽出し、粗熱を取ります。

② グラスにたっぷりの氷を入れ、乳酸菌飲料をグラスの1/3まで入れます。

③ 1をゆっくりと注ぎます。
　＊混ぜるとピンク色になります。
　＊水出しの場合は200mlの水にハイビスカスを小さじ2入れ、10〜15分おいて抽出します。

色が混ざらないよう、気をつけながら注ぎ、いただくときに混ぜる。

おすすめハーブ

マロウ
青色を美しく見せるために水出しにします。飲む前に混ぜると、薄紫に近い色になります。レモングラスも好適。

ハーブワイン

アルコールにハーブを漬けるので、油溶性や揮発性などの薬理成分までとることができる、美と健康のための薬酒になります！

材料
好みのドライハーブ適量　ワイン1本

作り方
1. ワインは少し除き、瓶の底から2〜3cmまでドライハーブを加えます（瓶の大きさに関わらない）。
2. 冷暗所におき、1日1回上下にゆっくりと振ります。1週間くらいしてワインが色づいてきたら飲めます。飲む前に茶こしでこし、デキャンタに移していただきます。

おすすめハーブ

白ワインのおすすめハーブ
＊ここではマロウを使いました。ほかに、レモングラス、レモンバーム、レモンバーベナ、スペアミント、ラベンダー、ジャーマン・カモミールなどがおすすめです。

赤ワインのおすすめハーブ
ローズ、ローズヒップ、ローズマリー、シナモン、クローブ、オレンジピール、コリアンダー、カルダモン、ジンジャー、アニスシードなどがおすすめです。

ドライハーブは浮いてしまうので、ふたをして逆さにし、量を確認しながら入れる。

コーディアル

　コーディアルとはシロップのこと。エルダーが咲き誇る6月ごろ、イギリスでは摘みたてのエルダーを使ってシロップ漬けが作られたそうです。ちょっと体調がすぐれないときや風邪気味のときに、温かいお湯で割って飲まれていたということです。

材料

ドライハーブ（ローズヒップ、ハイビスカス、ルイボス、オレンジピール、レモングラスを合わせて）50g　水500ml　砂糖250g　レモン汁大さじ1

作り方

1　ドライハーブをお茶パックに入れ、沸騰して火を止めた熱湯に入れ、ふたをして10～15分以上蒸らす。

2　お茶パックを取り出し、再び火にかけ、砂糖を入れて溶かし、レモン汁を加える。粗熱が取れたら清潔な瓶に入れる。

保存

冷蔵保存で1～2週間もちます。レモン汁の代わりにクエン酸を入れると冷蔵で1か月もちます。

使い方

サイダーやミネラルウォーター、お湯で割るドリンク。お菓子作りで甘味と色づけに活用も。次ページのグミは絶品です！

Part 1 生活を彩る香りのクラフト・料理

ハーブミルク

夜に飲むミルクにカモミールを加えて作ってみてください。カモミールの鎮静作用は、フランスやスペインの医療の専門家によって不眠症に役立つハーブであると認定されています。

材料
カモミール小さじ1　牛乳200ml

作り方
1. ミルクとハーブを鍋に入れて火にかけ、沸騰する手前で火を止め、3分ほど蒸らします。

＊冬はそのまま、夏は氷を入れてもおいしい。

コーディアルで作る グミ

グミ作りのもう一つの主役にゼラチンがあります。コラーゲンたっぷりのこの食材は、小さなお子様だけでなく、大人にもうれしいお菓子！

材料
コーディアル70ml　レモン汁小さじ1　粉ゼラチン15g　水あめ大さじ1　グラニュー糖大さじ½　サラダ油小さじ1/3

作り方
1. 小さめのボウルに、コーディアルとレモン汁、ゼラチンを入れてふやかします。
2. 1に残りの材料を入れ、湯せんにかけ、なめらかになるまでしっかりと溶かします。ここがポイントです。
3. トレーや型の内側にサラダ油（分量外）を薄く塗り、2を流して冷蔵庫で冷やし固めます。トレーの場合は小さく切り分けるか、型抜きします。

＊グミは薄く片栗粉をつけると、グミ同士がくっつきにくくなります。
＊小さい子どもには小さく作り、保護者といっしょに食べるようにしましょう。

保存
冷蔵保存し、2～3日のうちに食べます。食べるときは常温におくと、柔らかくなります。

ラベンダー香る
ミルクティープリン

　ラベンダーと紅茶の相性は抜群なのをご存知でしたか？　これをミルクで抽出して固めると…絶品！　ラベンダープリンのでき上がりです!!　ほんのり口の中に広がるラベンダーの香りがホッとさせてくれます。おやつにも食後のデザートにもおすすめです。

材料
牛乳 400ml　砂糖大さじ 3　ドライラベンダー・紅茶の茶葉（ダージリン）各小さじ 1　粉ゼラチン 10g

作り方

1. 牛乳を火にかけ、沸騰する直前で火を止めてラベンダーのドライハーブと紅茶を入れたお茶パックを入れる。ふたをして10分以上蒸らす。

3. 火を止め、ゼラチンを加えて溶かす。

2. 砂糖を入れて弱火で溶かす。

4. 器に流し、冷蔵庫で冷やし固める。

＋αのまめ知識　ハーブと紅茶の素敵な関係

　ハーブの香りづけがされた紅茶といえば、アールグレイがあります。これは、柑橘のベルガモットで香りづけをされたもの。意外ですが、アールグレイとハーブも新しい味を生み出してくれます。紅茶のキレをよくする渋みを考慮しながらハーブの種類を選ぶといいですよ。抽出時間はハーブに合わせます。ミント類、ローズ、レモングラス、レモンバームなどがおすすめです。

Part 1 生活を彩る香りのクラフト・料理

ハーブラムネ

　口の中に含むとホロっと溶ける手作りのハーブラムネは懐かしい味わいでやみつきになりそうです。

材料（15～20個分）

ドライハーブ（ハイビスカス、ローズ、ローズヒップ）各小さじ1　片栗粉1カップ　粉砂糖¾カップ　熱湯（80℃）大さじ1　レモン汁小さじ1

作り方

1. ハーブをミルにかけて粉末にし、茶こしでふるいます。
2. ボウルに**1**の⅓量と粉砂糖を入れ、湯を注いで溶かします。
3. レモン汁を加え混ぜ、片栗粉とハーブを3回くらいに分けて加え混ぜ、しっかりと練ります。
4. ペットボトルのキャップにラップを重ね、**3**をやや盛り上がる程度に入れて手で押し、形作ります。
5. オーブントースターの庫内を温め、受け皿にオーブンペーパーを敷いたところに**4**を並べます。余熱で乾燥焼きにします。
6. 約15～30分、固くなり、つまめるようになればでき上がりです。

◀少し多めに入れ、手のつけ根で力を入れて押す。

Part 1 生活を彩る香りのクラフト・料理

ハーブグラニテ

　グラニテは、凍らせてはかき混ぜることを繰り返し、ザラザラとした食感に作ります。ハーブの種類によって甘さに違いがありますが、今回はベーシックな分量で作ります。お好みのブレンドやハーブでも楽しんでください。

材料
ドライハーブ（スペアミント、ワイルドストロベリー、ネトル合わせて）小さじ２　水１½カップ　グラニュー糖40ｇ　好みでワイン（赤または白）大さじ１　ミント

作り方

1. 水とグラニュー糖を火にかけ、グラニュー糖が溶けて煮立ったら火を止めます。

2. ハーブをお茶パックに入れて加え、ふたをして３分抽出させます。

3. お茶パックを取り出し、ワインを加え、再び火にかけてアルコールをとばします（お酒が好きな人はとばさなくてよい）。

◀ふたについた水分にも香りがついているので、鍋に戻す。

フォークなどを▶
使うとざらっとした食感になる。

4. 型に流し、冷凍庫で凍らせます。固まりかけたらフォークなどでかき混ぜ、再び冷凍庫に入れます。凍らせてはかき混ぜることを何度か繰り返し、しっかりと凍らせます。ミントを添えて盛りつけます。

Kitchen
キッチン

ホットケーキミックスの
りんごケーキ

　直径20cmのフライパンを使った、簡単アップサイドダウンケーキです。香ばしいカラメルと甘い香りのシナモンが甘酸っぱいりんごと相性抜群です。

材料

りんご1個　バター（生地用）50g　シナモンスティック1〜2本　きび砂糖50g　溶き卵2個分　ホットケーキミックス100g　プレーンヨーグルト50g　砂糖大さじ4　バター大さじ1

準備

・バターは室温に置いて溶かします。
・リンゴは皮をむき、8等分にくし形切りにします。
・シナモンは細かく砕き、ミルにかけて粉状にし、茶こしでこして小さじ1を用意します。

作り方

1 ボウルにバターを入れてハンドミキサーでなめらかに攪拌し、砂糖を加える。

2 1に溶き卵を4〜5回に分けて加え混ぜる。

3 ホットケーキミックスとヨーグルトを加え、ゴムべらでなめらかに混ぜる。

4 シナモンを加える。

5 全体にいきわたるようにし、なめらかに混ぜる。

6 直径20cmのフライパンに砂糖を加えて中火にかける。砂糖がだいたい溶けたらバターを加え混ぜ、木べらで混ぜながら砂糖を溶かし、泡立ってきたら火を止める。

7 6のフライパンにりんごを放射状に並べ、5を流す。ごく弱火にしてふたをし、40分ゆっくり火を通す。表面が乾いてつやのない状態になったら火を止める。フライパンよりもひと回り大きい皿にフライパンをかぶせ、皿を抑えてひっくり返す。

Part 1 生活を彩る香りのクラフト・料理

ハーブが香るシロップ3種

桂花シロップ

桂花という名前でも有名な、金木犀のシロップ。ラベンダーやローズなどの花のハーブでも、同様に作れます。シロップ漬けにしたハーブは柔らかくなるので、丸ごと召し上がれます。

材料
ドライ金木犀10〜15g　グラニュー糖100g　白ワイン100g（砂糖と同量）

作り方
1. 鍋に白ワインと砂糖を煮立て、砂糖が溶けたら金木犀を入れて弱火にします。
2. ふたをし、再び煮立ったら火を弱め、3〜5分煮て火を止めます。粗熱を取ります。

ジンジャーはちみつ

しょうがの辛味成分はジンゲロールですが、しょうがを加熱し、乾燥させることによって、ショウガオールという成分が作り出されます。この成分はしょうがを保存している間も増え続けます。じわじわと、あとからくる辛味がショウガオールです。それに対して、舌の上ですぐに感じる強い辛味がジンゲロールです。しょうがオールには体の深部を温める作用があるので、冷え症に悩む女性にはおすすめです。

材料
ドライジンジャー（粉末）大さじ1　はちみつ大さじ5

作り方
1. 耐熱器を用意し、ジンジャーとはちみつを入れてよく混ぜます。

ハイビスカスシロップ

1960年のローマオリンピックと1964年の東京オリンピックにマラソンランナーとして出場し、2大会連続の金メダルを獲得したアベベが飲んでいたもの…それがハイビスカス入りのドリンクだったといわれています。ハイビスカスに含まれるクエン酸は梅干しなどに含まれ、疲労回復に絶大な力を発揮します。アベベが金メダルをとるのを支えて、ドリンクとして有名になったのもうなづけます。

材料
ドライハイビスカス10g　水250ml　グラニュー糖125〜150g　レモン汁少々

作り方
1. 鍋に分量の湯を沸かし、火を止めて一息おき（98℃）、ハイビスカスを入れます。ふたをし、鮮明な赤い色になるまで抽出します。

ハーブの香りや薬効を、みつ煮にしてお菓子やドリンクに利用してみませんか？ シロップ漬けはハーブも柔らかく食べやすくなります。いずれも清潔な瓶に入れて冷蔵保存。桂花シロップは2週間、あとの2種は3週間もちます。

3 消毒をした清潔な瓶に移し、熱いうちにふたをして冷まします。

使い方
パンケーキにプラスしたり、ヨーグルトにかけるのもおすすめです。砂糖の代わりにもなります。

2 ラップをして、500Wの電子レンジで1分ほど過熱します（瓶が熱いのでやけどに注意）。

3 さらにかき混ぜ、消毒した清潔な瓶に移します。

使い方
熱湯で割って、ホットハニージンジャーに。紅茶に加えても。

2 1に砂糖とレモン汁を加え、弱火でかき混ぜながら、とろみがつくまで煮詰めます。（焦がさないように注意）。

3 消毒をした清潔な瓶に入れてふたをし、冷まします。

使い方
お湯や水、サイダーで割ったり、パンケーキやヨーグルトにかけるのもおすすめです。

香りが呼び覚ます記憶

　私たちの脳の中心部には、大脳辺縁系という生存に関わる本能や感情と関係する部位があります。大脳辺縁系に存在する海馬と扁桃体は、記憶と感情を司っています。

　人の五感（視覚、味覚、聴覚、触覚、嗅覚）の中で、嗅覚はいうまでもなく、鼻から感じとるものです。鼻と大脳辺縁系とはたいへん近い位置にあり、香りはこの大脳辺縁系に直接届くことがわかっています。記憶と感情を司る部分に直接届くということは、香りと記憶、感情とが結びつきやすいということがいえます。

　たとえば、おばあちゃんの家で過ごした子どもの頃を、なにかのひょうしに思い出すことはありませんか？　畳の匂い、台所の香り、庭の木々の香りなど、同じような匂いがきっかけで、忘れていた頃の記憶がふとよみがえるということは、どなたにも経験があるのではないでしょうか。

　香りの記憶は、視覚による記憶よりも長く残ることもわかっています。昔、好きだった人がまとっていたのと同じ香水を、街中で感じてはっとする、なんていうことも、香りの記憶が脳の奥底に残っていたからにほかなりません。

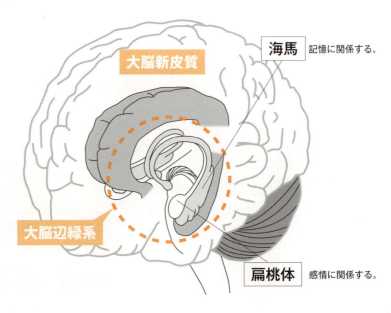

大脳新皮質

大脳辺縁系

海馬　記憶に関係する。

扁桃体　感情に関係する。

Part 2

毎日が輝きだす
精油とハーブの使い方

痛みの解消

頭痛、関節の痛み、筋肉痛、神経痛、リウマチなど痛みの形はさまざまです。その痛みには原因があります。その原因に役立つアロマやハーブを使うことで、薬に頼りすぎずに和らげることができたらうれしいですね。また、妊娠中、授乳中など薬で痛みを和らげるのに抵抗があるときにもおすすめです。

ストレスによる頭痛

頭痛は肩こり、眼の疲れ、寝不足、血圧などさまざまな不調が原因として考えられ、さらにそれぞれに原因があります。ストレスも根本的な原因の一つで、何がストレスなのかを見直すことも、精油を選ぶうえで大切です。

この場合、鎮痛作用とリラックス作用のある精油をセレクトするとストレスに役立つブレンドができます。

●組み合わせ例（精油）

マンダリン／ラベンダー／オレンジ・スイート

マンダリンは柑橘系の中でも鎮静効果が高く、交感神経を鎮静し、肩の力を抜いてくれる働きが高い香りです。ラベンダーは気分や感情をコントロールする働きがある脳内のセロトニンを積極的に分泌してくれます。オレンジはストレス性の諸症状に役立ちます。

●使用例

ハーバルミルクバスグッズ(29ページ)　上記の精油から2種類選び、各1滴加えます。ハーブは妊娠など精油の使用に制限がある場合におすすめです。ストレスが原因の片頭痛にも役立ちます。

●組み合わせ例（精油）
マジョラム／ラベンダー／ローズウッド
　マジョラム副交感神経を優位にし、自律神経のバランスを整えて血行を促進する働きがあります。鎮痛効果も期待できます。ローズウッドは主成分がリラックス作用をもたらしてくれるリナロールです。ストレスを感じた心身の力を抜いてくれます。

●使用例
ロールオンレスキュージェル（22ページ）　上記の精油から2種類選んで各1滴ずつ使用します。

●ハーブティー（いれ方は144ページ）
レモンバーム＋カモミール・ジャーマン＋リンデン（抽出時間3分）
　レモンバームが緊張を解きほぐして、カモミールが体を温める効果と気持ちを落ち着かせるリラックス効果を示します。さらに鎮痛効果も期待できます。リンデン（花）は、落ち着きのない子どもによいといわれ、精神的なストレスに有効です。

レモンバーム＋リンデン＋アップルピール（抽出時間5分）
　妊娠中の頭痛や子どもの頭痛におすすめです。

血行不良による頭痛

　同じ姿勢を長時間とると、肩や腰、背中が凝ってきます。眼も疲れ、それが原因で血行不良の頭痛がすることがあります。このとき、鎮痛作用とリラックス作用に加え血行促進作用、加温作用のある精油を使うと良いでしょう。

●組み合わせ例（精油）
カモミール・ローマン／ローズマリー・カンファー／クラリセージ
　カモミールとクラリセージは痛みを鎮める働きが高く、頭痛や片頭痛にも役立ちます。ローズマリーは血流を上げる働きが高いので、血行不良に直接働きかけます。この組み合わせはPMSの頭痛で悩まれている方にもおすすめです。

痛みの解消

レモングラス／ローズマリー・カンファー／シダーウッド

レモングラスは鎮痛効果が期待でき、血行不良のトラブルにおすすめの香りです。ローズマリーとシダーウッドは鎮痛作用が期待できます。

● 使用例

ハーバルミルクバスグッズ(29ページ)　上記から２種類選んで各１滴使用します。

● トリートメントオイル（146〜147ページ）

植物油30ml＋レモングラス、ローズマリー、シダーウッド各１滴

152ページを参照。

筋肉痛

筋肉痛は、筋肉で炎症が起き、血行不良となって起こります。筋肉痛を改善するには、鎮痛作用、抗炎症作用、鎮静作用、血行促進作用、老廃物排泄作用、加温作用のある精油を使用します。ペパーミントはクールダウン効果がある一方で、下がった体温を元に戻そうと血流をUPする働きがあります。

● 組み合わせ例（精油）

◆ 筋肉痛になったら

ローズマリー・シネオール／レモングラス／ペパーミント

● トリートメントオイル（146〜147ページ）

植物油30ml＋ローズマリー・シネオール１滴、レモングラス１滴、ペパーミント１滴

力を入れずに精油を浸透させるイメージでマッサージします。

筋肉痛になるかも……と思ったら

マジョラム／ラベンダー／オレンジ

低血圧の方は注意して使用。痛みが減少してきたときにもおすすめ。妊娠中は、オレンジ２滴（１滴）、グレープフルーツ２滴（１滴）、レモン２滴（１

滴）にします。血液の流れをよくしてくれます。

● トリートメントオイル（146 〜 147 ページ）
　植物油 30ml ＋ マジョラム 1 滴、ラベンダー 3 滴、オレンジ 2 滴

関節の痛み・腱鞘炎（けんしょうえん）・リウマチ・坐骨（ざこつ）神経痛

　リウマチや神経痛に役立つ香りには、加温作用があり、筋肉の弛緩作用、鎮痛作用などがある精油が適しています。

● 組み合わせ例（精油）
　レモン／バジル／ユーカリ・ラジアタ

　　レモンには体の中の酸を中和させる働きがあります。そのため、関節炎などの炎症に役立ちます。バジルはレモンやユーカリとの相性も良く、関節や筋肉のケアにおすすめです。坐骨神経痛にも役立つので覚えておくと良いでしょう。

● トリートメントオイル（146 〜 147 ページ）
　植物油 30ml ＋ レモン、バジル、ユーカリ・ラジアタ　各 1 滴

成長痛

　幼児から中高生の成長期にかけて起こる成長痛には、お風呂で関節を温める、湿布をする、マッサージをする、などがあげられます。

● トリートメントオイル（146 ページ）
　植物油 30ml ＋オレンジ・ビター、マンダリン、ローズウッド各 1 滴
　　ひどいときは病院を受診しましょう。

疲労

疲労は、心の疲れや体の疲れ、季節の変わり目に感じる疲れなどさまざまですね。ここではそれぞれの「疲れ」におすすめのブレンドをご紹介します。

オーバーワークによる疲労

頭を使いすぎた……と感じたときに使うとよい精油はパチュリです。体は疲れているのに頭がさえるときに心身のバランスをとってくれます。考えが先行して実行に移せないときにもおすすめです。

●組み合わせ例（精油）
パチュリ／フランキンセンス／ベルガモット
　フランキンセンスとベルガモットは、バランスをとる働きが高い精油です。脳の疲れが取れず疲労を感じるときにもおすすめです。更年期障害にも適しているブレンドです。

●使用例
洗い流さないパック（20ページ）　各1滴ずつ使用します。

肉体疲労

身体の疲労は、寝不足、肉体労働による疲労性物質が体内に滞留したとき、食事の偏り、病後などが原因となります。血行をよくし、老廃物を排泄してくれるブレンドがおすすめ。長く疲労が続くときは病気の恐れもあるので、受診することをおすすめします。

●トリートメントオイル（146～147ページ）
植物油30ml＋ジュニパー、グレープフルーツ、ローズマリー・シネオール各2滴
　ジュニパーは解毒作用が高く、老廃物を排泄し、ローズマリーは血液の循環を促します。グレープフルーツはリンパを刺激して老廃物の排泄を促します。

ハーブティー（いれ方は 144 ページ）
ハイビスカス＋ローズヒップ＋ローズ（5 分抽出）
　ビタミン、クエン酸が豊富なブレンドです。疲労を感じるとき、ビタミンなどが欠乏していることがあるので栄養を補給できるブレンドです。ローズが入っているのでリラックスも期待できます。

精神的疲労

　精神的疲労の多くがストレスに起因しています。精神的疲労が蓄積すると無気力に陥りやすくなります。血行促進、弛緩作用があり、活性作用のあるブレンドがおすすめです。

●組み合わせ例（精油）
ローズウッド／レモンリツェア／ティーツリー
　リラックス作用の非常に高いローズウッドと活性作用のあるレモンリツェア、精神疲労に役立つティーツリーのブレンドです。
●使用例
バススプレー(30 ページ)　ローズウッド 3 滴、レモンリツェア 1 滴、ティーツリー 2 滴をブレンドします。

夏バテ・秋バテ

　猛暑、熱帯夜が続くと睡眠不足になり、夏バテになりがちです。また、清涼飲料水を飲みすぎたり、食欲がないからといって栄養が偏ったものばかりだと秋に入って体力の低下を感じる秋バテになってしまいます。ハーブティーで栄養補給し、胃腸の調子を整えましょう。

●ハーブティー（いれ方は 144 ページ）
ハイビスカス＋ローズヒップ＋レモングラス＋スペアミント
　水出しのハーブティーがおすすめです。

不眠

不眠が続くと背中が板のように硬くなっていきます。入浴やトリートメントオイルなどで背中、みぞおちをほぐすと良いでしょう。ちなみに湯温は高すぎると交感神経を優位にしてしまうのでNGです。首元をトリートメントオイルすると香りが感じやすくなりリラックス度がUPします。

●組み合わせ例（精油）
イランイラン／ネロリ（またはミルテ）／オレンジ・ビター
　イランイランは神経が過敏になっているときにおすすめです。ネロリは心身の疲れからくる不眠に有効です。

●使用例
リードディフューザー（38ページ）　イランイラン8滴、ネロリ（またはミルテ）5滴、オレンジ・ビター7滴で作ります。
エアーフレッシュナー（128ページ）　イランイラン2滴、ネロリ（またはミルテ）2滴、オレンジ・ビター2滴で作ります。

●トリートメントオイル
植物油30mlにエアーフレッシュナーと同滴数ブレンドします。

●ハーブティー（いれ方は144ページ）
ジャーマン・カモミール＋リンデン＋アップルピール＋オレンジピール＋ルイボス（5分抽出）
コーディアル（60ページ）　材料表にあるハーブの代わりに使用します。

赤ちゃんの夜泣き

　赤ちゃんの夜泣きの原因には、いろいろな説があるようです。赤ちゃんの睡眠サイクルの未熟さであるという説や、知能の発達に伴う昼間の経験が刺激になり、夢などを見ているときに夜泣きをするという説などがあります。

- ●おすすめの精油

  オレンジ・ビター

  オレンジ・ビターは、娘の夜泣きにも効果がありました。
- ●使用例

  ディフューザー　水をたっぷり使うタイプの、市販のディフューザーがおすすめ。1回に1滴垂らします。

- ●ハーブティー（いれ方は 144 ページ参照）

  リンデン／ジャスミン／レモンバーム（抽出 3 分）

  このブレンドは、心を落ち着かせるために、赤ちゃんや子どもに飲ませる組み合わせです。
- ●上記ハーブの組み合わせは次のようにも使えます。

  コーディアル（60 ページ）　材料表にあるハーブの代わりに使用します。

  ハーバルミルクバスグッズ（29 ページ）材料表にあるハーブの代わりに使用します。

- ●トリートメントオイル（下の図参照）

  ホホバオイル 30ml ＋オレンジ・ビター 2 滴＋フランキンセンス 1 滴

  上のオイルでベビーマッサージをします。ゆっくりと赤ちゃんの呼吸に合わせて行います。部屋の明るさは赤ちゃんの顔が見えるくらいに落とします。

●ベビーマッサージ

①中指と薬指で、背骨には絶対に触らないようにらせんを描いて上から下に向け、指を動かします。

＊三角形の仙骨のあたりとおなか側を手の平で温めると、下痢にも役立ちます。

②胸は中指と薬指でママ自身のまぶたを触っても痛くない程度の力で、赤ちゃんの鎖骨と乳首を越えないように小さなハートをやさしく描きます。免疫力 UP にも役立ちます。

仙骨

緊張・不安

緊張や不安が長く続くと体調にも変化が出てきます。たとえば、胃が痛くなる、頭が痛くなる、寝不足になるなど……。免疫力も下がります。短期間の緊張は免疫力を上げてくれますが、いつ終わるかわからないような長期の緊張は、私たちの気力も体力も削いでいきます。不安も同じです。ここでは肩の力を抜くようなブレンドをご紹介します。

● **組み合わせ例（精油）**
イランイラン／プチグレンオレンジ／グレープフルーツ（またはマンダリン）
　イランイランは張り詰めた気持ちを和らげてくれる働きがあります。「集中したいときは使わない」という約束もあるくらいです。プチグレンオレンジはオレンジ・ビターの葉（枝）から採り出される精油です。香水の香りの核にすることもあります。香りは体を休息に導いてくれます。グレープフルーツやマンダリンは幸せな気持ちにさせてくれる香りです。グレープフルーツには paradisi（楽園）いう学術名がついていることからもわかる幸福をもたらしてくれる香りでおすすめです。

● **使用例**
キャンディサシェ（39 ページ）　材料表の精油をイランイラン 4 滴、プチグレンオレンジ 2 滴、グレープフルーツ 4 滴に代えて作ります。
ハーバルミルクバスグッズ（29 ページ）　イランイラン、プチグレンオレンジ、グレープフルーツ（またはマンダリン）のうちから 1〜2 滴選びます。

● **ハーブティー（いれ方は 144 ページ参照）**
リンデン＋レモンバーム＋レモングラス（3 分抽出）
　フルーティーな味わいを楽しめる組み合わせです。緊張や不安からくる胃腸の不調和に。緊張や不安が引き起こす頭痛にもおすすめです。

やる気が出ない

Part 2 毎日が輝きだすアロマとハーブの使い方

何となくやる気が出ないときは、自律神経のバランスのくずれ、睡眠不足、疲労などが原因として考えられます。また、精神的なショックがあったときもやる気が湧いてきません。そんなときは香りで優しく背中を押してもらえると、自然とやる気になれます。柑橘系は心を温かく前向きにしてくれるのでおすすめです。

●組み合わせ例（精油）
<u>ベルガモット／ユーカリ・ラジアタ／ラベンサラ</u>
　ユーカリ・ラジアタは、同種の中でも穏やかでゆっくりとした働きがあります。優しく心身を強くしてくれます。ラベンサラは精神的に弱っているときにやさしく回復へ導いてくれます。幼児へも使用可。

●使用例
<u>エアーフレッシュナー（128ページ）</u>　ベルガモット2滴、ユーカリ・ラジアタ1滴、ラベンサラ1滴で作ります。

●トリートメントオイル（145～147ページ）
<u>植物油30ml＋バジル1滴、ペパーミント1滴、ベルガモット2滴</u>
　バジルが自律神経のバランスを取り、ペパーミントは気持ちを強くし、頭をスッキリとしてくれる働きがあります。ベルガモットは情緒が不安定のときにゆっくりと心身の安定と回復をもたらします。心身がリセットされると新たなことに向き合う気持ちになります。

●ハーブティー（いれ方は144ページ参照）
<u>レモンバーベナ＋レモンピール＋レモングラス（抽出5分）</u>
　精神を強壮にしてくれて活力を与えてくれるブレンドです。レモンピールは少なめがポイントです。

肩こり

肩こりはパソコンの作業など同じ姿勢をしていたことで起こる血行不良、またストレスで体の力が抜けない、寒さから力が入って筋肉が固まってしまったりと原因はさまざまです。

血流をUPし、リンパを刺激し流れを作ることで筋肉が緩み、こりをほぐすブレンドがおすすめです。

●組み合わせ例（精油）
レモングラス／ローズマリー・カンファー／ラベンダー

レモングラスは血行促進し、疲労性物質を除去します。ラベンダーは鎮痛作用、鎮痙作用があります。また、鎮静作用が期待できるので痛みが軽減されます。ローズマリー・カンファーは、血流をUPし、鎮痛作用が期待できます。

●使用例
スキンケアキャンドル（25ページ） レモングラス1滴、ローズマリー・カンファー1滴、ラベンダー4滴で作ります。

●トリートメントオイル（次ページ）
植物油30ml＋マジョラム1滴、ローズウッド3滴、オレンジ・スイート2滴

血流をUPし、体を温めます。ローズウッドとオレンジには穏やかな鎮痛作用とリラックス作用があるので、ストレスからくる肩こりにおすすめです。

●ハーブティー（いれ方は144ページ）
レモンバーム＋ルイボス＋ジンジャー＋アップルピール（抽出5分）

妊娠中は控えめに。ジンジャーは体を芯から温めてくれるハーブです。血行促進作用も認められています。ルイボスにはフラボノイドが豊富に含まれているので血行促進作用の働きが高く示されます。レモンバームは味のバランスと緊張をほぐしてくれる働きが高いです。海外のジンジャーには甘み成分が含まれています。

肩のトリートメント

肩のつぼ

①肩井（けんせい）　首のつけ根と肩先の中央部分に位置する。首と肩のこりや痛み、頭痛に。
②風池（ふうち）　天柱のやや上の外側に位置する。眼精疲労に。
③天柱（てんちゅう）　首の後ろの髪の生え際、頸椎の外側のくぼみに位置する。首、肩の疲労、不眠などに。

1. オイルをつけた手で軽擦します。右肩は左手で、左肩が右手で肩の様子を見るように、耳の下から肩先まで少しずつ圧を加えて行います。人差し指、中指、薬指に少し圧を加えながら円を描きます。
2. 耳の下から肩先までらせんを描くように指の腹に力を加えながら行います。親指以外の四本の指を使って後ろから前の方に引き上げます。

＊指の腹、手の平、手根を部位に応じて使いトリートメントを行います。

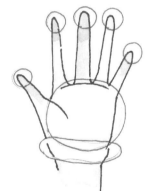

1.

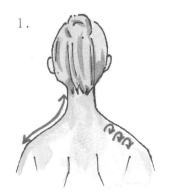

2.

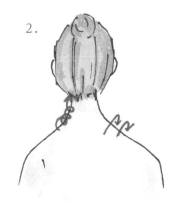

むくみ

むくみは、筋肉の疲労、冷え性、運動不足、細胞間に溜まった余分な水分などを原因としますが、ほかにリンパのうっ滞、静脈の滞留などもあります。体を温めて、血行を促進し、利尿作用や発汗作用などで体内の老廃物を排泄するブレンドがおすすめです。加えて、トリートメントオイルと軽い運動がむくみの解消につながります。筋肉疲労を起こさない程度に、軽めの運動から始めましょう。

●組み合わせ例（精油）
ジュニパー／グレープフルーツ／ローズマリー・カンファー／ゼラニウム

　ジュニパーには解毒作用が高く、同時に利尿作用が高いので老廃物の排泄が積極的に行われるブレンドができます。ローズマリーにはむくみの原因になる筋肉疲労へ働きかけが期待できます。ゼラニウムにはリンパ系を刺激して循環器系を強壮にする働きがあります。これによってむくみへの有効性が期待できます。

●使用例
スキンケアキャンドル（25 ページ）　ジュニパー3滴、グレープフルーツ3滴、ローズマリー・カンファー2滴、ゼラニウム2滴にして作ります。

　温まったクリームを指ですくい、むくみの気になるところにすり込むようにします。その際、足なら指先から足首、足首から膝下リンパ節、膝から鼠径部というように、大きなリンパ節に向かって老廃物を流すイメージで行いましょう。

ハーバルミルクバスグッズ（29 ページ）　ゼラニウム、サイプレス、レモンから2種類選んで作ります。

●トリートメントオイル（145 ページ）
植物油30ml＋ジュニパー1滴、グレープフルーツ2滴、ローズマリー・カンファー1滴、ゼラニウム2滴

植物油 30ml ＋ゼラニウム、サイプレス、レモン各２滴

　このブレンドは通常のむくみにも役立ちますが、特に生理前のむくみにおすすめです。ゼラニウムは、リンパ系を刺激して循環器系を強壮するだけでなく、排卵後から月経までの間に感じるむくみに特に役立つ精油です。サイプレスは、ジュニパーと並んでむくみに役立つ精油とされていますが、更年期や月経時など女性特有のトラブルにも得意な精油です。レモンは香りを嗅ぐことも効果的で、さらに血管の強壮、血液の流動性を高め、むくみや静脈瘤の予防にもつながります。

●ハーブティー（いれ方は 144 ページ）
ジュニパー＋ワイルドストロベリー＋レモンバーム
　　　　　　　　　＋ハイビスカス＋ビルベリー（抽出５分）

　隠れた腎臓病でなければ、これまで紹介してきた精油のブレンドや使用法がおすすめです！　ハーブを飲むことにより、精油にはないビタミン、ミネラルなどの栄養を摂取し、その栄養によってむくみの緩和につなげることが期待できます。また、食事による塩分の摂りすぎなども、ハーブによって排泄されます。

　ハーブのジュニパーも精油のジュニパー同様に老廃物を排泄してくれる利尿作用の働きが高いです。ワイルドストロベリーはミネラル分が豊富で、栄養補給にもピッタリです。ハイビスカスもミネラル分が豊富なうえに血液をサラサラにしてくれるクエン酸が豊富です。レモンバームには解毒作用があり、ビルベリーにもアントシアニンが豊富なので血管拡張が期待できます。

　ジュニパーは働きが高いので妊娠中・授乳中・腎臓病は控えたほうがよいでしょう。その際はジュニパーの代わりにローズヒップをブレンドするといいでしょう。

風邪・インフルエンザ

風邪とインフルエンザは予防が大切です。うがい、手洗い、マスクはもちろん、お風呂にゆっくりと浸かって、リラックスをすることで免疫力を高めます。

風邪やインフルエンザにかかったらトリートメントは回復するまで控えます。

予防に

● 組み合わせ例

ユーカリ・ラジアタ／ティーツリー／レモン

予防で大切なのは感染しない体づくりと免疫力です。ユーカリはインフルエンザなどの感染症の予防になります。ティーツリーとレモンは白血球の働きを高めるので免疫力の UP につながります。

● 使用例

エアーフレッシュナー（128 ページ） ユーカリ・ラジアタ 1 滴（1 滴）、ティーツリー 1 滴（1 滴）、レモン 2 滴（1 滴）に代えて作ります。＊（ ）内は乳幼児向き。

ティーツリー／ローズウッド／ミルテ（マートル）

ローズウッドは子どものインフルエンザや風邪予防に適しています。赤ちゃんにも、このブレンドで菌をやっつけるリンパ球をたくさん作るベビーマッサージをしてみましょう。

● 使用例

エアーフレッシュナー（128 ページ） ティーツリー 1 滴（3 滴）、ローズウッド 3 滴（1 滴）、ミルテ 2 滴（1 滴）＊（ ）内は乳幼児向き。

● トリートメントオイル（145〜147 ページ）

植物油 30ml ＋ユーカリ・ラジアタ 1 滴、ティーツリー 1 滴、レモン 2 滴

植物油 30ml ＋ティーツリー 1 滴（1 滴）、ローズウッド 3 滴（1 滴）、ミルテ 2 滴（1 滴）

＊（ ）内は妊娠中、授乳中、乳幼児向け。

●ハーブティー（いれ方は 144 ページ参照）
レモンバーベナ＋エキナセア＋レモンピール＋アップルピール（抽出 5 分）
ビタミンが豊富で抗ウィルス作用、風邪予防の働きが高い組み合わせです。この組み合わせで、**チンキ（26 ページ）** も作れます。

はやり始めたら

いよいよ本格的なシーズンを迎えたら、もっと抗感染作用や抗ウィルス作用のある精油を積極的に使用してみましょう。

●組み合わせ例
ティーツリー／ラベンサラ／ベルガモット
殺菌作用が非常に高いティーツリーと抗ウィルス作用と殺菌作用の高いラベンサラ、抗ウィルス作用があるベルガモットの組み合わせは家族で楽しめます。フルーティーでスッキリとした中にホッとした香りです。

●使用例
簡単石けん（17 ページ） 精油をティーツリー 3 滴、ベルガモット 4 滴、ラベンサラ 3 滴に代えて作ります。

シナモンリーフ／ラベンダー／フランキンセンス
シナモンリーフには強い殺菌作用があります。リラックス作用の高いラベンダーですが、免疫力の強化と殺菌作用が期待できます。フランキンセンスは免疫力を UP してくれます。

●使用例
マスクスプレー（32 ページ） シナモンリーフ 1 滴、ラベンダー 3 滴、フランキンセンス 2 滴に代えて作ります。

●ハーブティー（いれ方は 144 ページ参照）
エキナセア＋ジャーマン・カモミール＋リンデン＋レモンバーム（抽出 3 分）
この組み合わせで、**チンキ（26 ページ）** も作れます。

のどの不調

のどが痛いときは炎症が起きています。炎症は、ウィルスや細菌をのどより先に進ませないように戦っているということです。せきや痰(たん)も、異物であるウィルスと細菌を外に排泄しようとする働きです。精油やハーブには、これらの働きを助けてくれるものが多くみられます。

のどの痛み

●組み合わせ例（精油）

ローズウッド／ユーカリ・ラジアタ／フランキンセンス

ユーカリ・ラジアタとフランキンセンスは粘膜の炎症を和らげてくれる働きがあります。ローズウッドは殺菌消毒作用があるので喉の炎症に役立ちます。

●使用例

ハーバルミルクバスグッズ（29ページ）　上記精油から2滴選んで作ります。

●ハーブティー（いれ方は144ページ）

エルダー＋レモングラス＋ルイボス＋アップルピール（抽出5分）

この組み合わせでハーブチンキ（26ページ）も作れます。カップに水を張って、このハーブチンキを2〜3滴垂らしてうがいをします。

せき

せきには、大きく分けて2種類あります。気道に刺激があると起こる、普通のせきの場合と、アレルギーの一種である喘息(ぜんそく)の場合です。使用する精油が違う場合がありますので注意しましょう。

●組み合わせ例（精油）

フランキンセンス／ユーカリ・ラジアタ／サイプレス

喘息、せきのどちらへも使用できるブレンドです。フランキンセンスとサイプレスの組み合わせは喘息発作にベストな組み合わせです。これにユーカリが加わることで抗ウィルス作用もさらにUPします。妊娠中の方はフラン

キンセンスとユーカリ・ラジアタのみでも大丈夫です。ユーカリはラジアタ以外NGです。
● **使用例**

スキンケアキャンドル（25ページ） フランキンセンス2滴、ユーカリ・ラジアタ1滴、サイプレス3滴にして作ります。

マンダリン＋ラベンダー＋カモミール・ローマン

この組み合わせは喘息の予防には適していますが、喘息発作時にはNGのブレンドです。使うタイミングに十分気をつけましょう。
● **使用例**

スキンケアキャンドル（25ページ） 精油をマンダリン2滴、ラベンダー3滴、カモミール・ローマン1滴にして作ります。

● **トリートメントオイル（145～147ページ）**

<u>植物油30ml＋フランキンセンス2滴（1滴）、ユーカリ・ラジアタ1滴（1滴）、サイプレス3滴（1滴）</u> ＊（ ）内は乳幼児向き。

<u>植物油30ml＋マンダリン2滴（1滴）、ラベンダー3滴（1滴）、カモミール・ローマン1滴（1滴）</u> ＊（ ）内は乳幼児向き。

● **簡単マグカップ吸入**

のどがイガイガするときには、洗面器に湯を張り、精油を1滴垂らします。顔を洗面器をのぞき込むようにしてバスタオルをかぶり、眼をつぶって呼吸すると楽になります。

洗面器がめんどうくさいと思ったら、マグカップに湯を入れて精油を1滴垂らし、手でマグカップを包むようにしながら呼吸をします。

冷え性

冷えの原因の1つに自律神経のバランスの乱れがあげられます。自律神経は血管の拡張収縮に関係しています。この拡張収縮は生活の乱れやストレスによるバランスの崩れが原因ということがわかっています。「冷えは万病の元」といわれます。体の末端まで血液の循環をよくし、冷えを予防したいですね。

● 組み合わせ例

マジョラム／ラベンダー／ローズウッド

　血管拡張作用のあるマジョラムは加温作用が高く、末端まで温められた血液を循環させてくれます。血管はリラックスすると拡張し、血流がよくなります。

● 使用例

ハーバルミルクバスグッズ（29ページ）　精油を2種選び、1滴ずつ使用します。

● トリートメントオイル（146〜147ページ）

植物油30ml＋マジョラム、ラベンダー、ローズウッド各2滴

　マジョラムの代わりにオレンジで妊娠中も使用できます。ラベンダーが入るので妊娠初期は避けます。

● ハーブティー（いれ方は144ページ）

レモンバーム＋ルイボス＋ジンジャー＋アップルピール（抽出5分）

膀胱炎
ぼうこうえん

寝不足や疲れ、ストレス、冷えなどが重なると免疫力が下がり、膀胱炎になりやすくなります。膀胱の中の尿を排泄して細菌に感染しないように注意しましょう。一度なってしまうと繰り返されて、とてもつらい思いをします。精油とハーブで膀胱炎を予防しましょう。

● **組み合わせ例（精油）**
サンダルウッド／パルマローザ／ミルテ
サンダルウッドは高価ですが、膀胱炎で悩む方には救いの精油です。もしも手に入らないときは、ローズウッドかラベンダーで対応します。

● **使用例**
ハーバルミルクバスグッズ（29ページ）　精油を2種選び、1滴ずつ使用します。

● **トリートメントオイル（146～147ページ）**
植物油30ml＋サンダルウッド2滴（1滴）、パルマローザ2滴（1滴）、ミルテ2滴（1滴）
※（　）内は産後、授乳中の滴数

● **ハーブティー（いれ方は144ページ）**
エキナセア＋ペパーミント＋レモングラス（抽出3分）
　ハーブは利尿作用と加温作用が期待できます。また、殺菌作用もあるのでおすすめです。精油が使えない時は、ハーブをお茶袋に入れてお風呂で楽しんでも殺菌が期待できます。いずれにしても水分をたっぷりととってトイレに行くことが大切です。エキナセアは、膀胱炎に役立つハーブの代表格です。

PMS・月経痛

PMSは排卵が起こってから次の月経が始まるまでのプロゲステロンの分泌が多くなる時期に起こる症状です。イライラしたり、乳房に痛みを感じたり、頭痛があったりと、症状はさまざまです。ホルモンのバランスを取ることで改善が期待でき、無月経や月経不順の改善につながることにもなります。

月経痛は年齢に関係なく、冷えやストレスが原因になります。体を温めて、リラックスしましょう。

● トリートメントオイル（146ページ。足）

<u>植物油30ml＋カモミール・ローマン1滴、クラリセージ2滴、イランイラン2滴</u>

敏感肌の方はパッチテストで問題がないか確認してから使いましょう。月経前に行うとより効果的です。

<u>植物油30ml＋イランイラン、ゼラニウム、オレンジ・スイート各2滴</u>

敏感肌の方はパッチテストで確認後使います。柑橘系オイルが入っているので、塗布後は、直射日光に当たらないように。月経前に行うと効果的です。
※どちらもホルモンのバランスをとって、リラックスできるブレンドです。不妊に悩む方のサポートブレンドとしてもおすすめ。

● ハーブティー（いれ方は144ページ）

<u>ワイルドストロベリー＋レッドクローバー＋レモンバーム＋ハイビスカス＋アップルピール（抽出5分）</u>

<u>ラズベリー＋ネトル＋ローズヒップ（抽出5分）</u>

出産直前はOK。

更年期

この時期、女性ホルモン分泌の減少などが見られます。興味深いのは、これに伴って香りの好みにも変化が出ることです。ホルモンのバランスをとる香りや、リラックス作用のある香りを好むようになります。自然と身体に必要な香りを選び出しているのですね。

● **組み合わせ例（精油）**
　クラリセージ／サイプレス／カモミール・ローマン
　　ホットフラッシュなどに悩む方にも。
● **使用例**
　バススプレー（30ページ）　クラリセージ2滴、サイプレス2滴、カモミール・ローマン1滴にして作ります。

　イランイラン／クラリセージ／ネロリ
　　この3種は更年期を迎える前に、顕著に好きになる香りです。幸福を感じさせてくれます。女性ホルモンを刺激し、月経前の方にも好まれます。
● **使用例**
　バススプレー（30ページ）　イランイラン2滴、クラリセージ2滴、ネロリ2滴にして作ります。

● **トリートメントオイル（145～147ページ）**
　植物油30ml＋クラリセージ2滴、サイプレス2滴、カモミール・ローマン1滴
　植物油30ml＋イランイラン2滴、クラリセージ2滴、ネロリ2滴

● **ハーブティー（いれ方は144ページ）**
　リンデン＋ジャーマン・カモミール＋レモングラス（抽出3分）
　ラズベリー＋レモンバーム＋スペアミント（抽出3分）
　※水出しでもおいしいブレンドです。

便秘・下痢

この2つのトラブルに対しては、バランスをとるという働きが期待できる香りと、抗炎症作用、リラックス作用のある香りがおすすめです。

● **組み合わせ例（精油）**
マジョラム／カモミール・ローマン／ローズ
精神的なストレスが原因の便秘と下痢に役立ちます。ティッシュなどに垂らして、ハンカチに包んで持ち歩くのもおすすめです。

● **使用例**
ロールオンフレグランス（14ページ） マジョラム1滴、カモミール・ローマン1滴、ローズ1滴にして作ります。

オレンジ・スイート／カルダモン／バジル
下痢に役立つ組み合わせです。鎮痙作用によって腸の調子を整えます。

● **使用例**
ロールオンフレグランス（14ページ） オレンジ・スイート1滴、カルダモン1滴、バジル1滴にして作ります。

ハーバルミルクバスグッズ（29ページ） 上記で紹介した精油6種の中から2種類選び、各1滴を使って作ります。

● **トリートメントオイル（便秘のとき。下痢は塗布。147ページ）**
植物油30ml＋マジョラム1滴、カモミール・ローマン1滴、ローズ1滴
植物油30ml＋オレンジ・スイート1滴、カルダモン1滴、バジル1滴

がんこな便秘

● **組み合わせ例（精油）**
グレープフルーツ／ローズマリー・カンファー／レモン
緩下作用があるので便秘で辛いときにおすすめです。下痢には向きません。

- ●トリートメントオイル（147ページ）
  植物油30ml＋グレープフルーツ2滴、ローズマリー・カンファー1滴、レモン1滴

- ●ハーブティー（入れ方は144ページ）
  ラズベリー＋レモンバーム＋アップルピール＋オレンジピール（抽出5分）
  妊娠中はNG。このブレンドは小さな子どもでもOKです。10歳以下の子どもはハーブティーを湯で2～3倍に薄めてください。

乳幼児の便秘・下痢

乳幼児のお子さんにもベビーマッサージやハーブティーで対応できます。

- ●トリートメントオイル（下図）
  植物油30ml＋カモミール・ローマン（1滴）、マンダリン（2滴）
  ＊乳幼児向けのブレンド滴数。

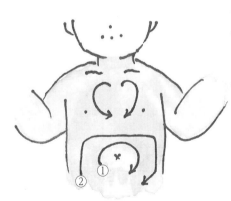

ベビーマッサージ
①小腸のあたりを、おへそに触らないように「の」の字を描くと便秘に役立ちます。
②手の平を大きく使っておなかの外側、大腸のあたりを、大きく「の」の字を描きます。便秘に効果があります。

- ●ハーブティー（いれ方は144ページ参照）
  アップルピール＋レモンバーム＋リンデン（抽出5分）

食べ過ぎ・消化不良

食べ過ぎて消化不良になったら、健胃作用や消化促進作用のある精油がおすすめです。食べ過ぎの原因（ストレスなど）の対策もしましょう。

●組み合わせの例（精油）
レモングラス／ペパーミント／グレープフルーツ
　食べ過ぎで胃もたれするときにおすすめです。グレープフルーツは食欲を抑える働きがあるといわれています。ストレスが原因の食べ過ぎにおすすめです。

●**使用例**
ロールオンフレグランス（14ページ）　レモングラス1滴、ペパーミント1滴、グレープフルーツ1滴にして作ります。

●**レモングラス／パチュリ／ベルガモット**
　生理前など、ホルモンやストレスが原因で、食欲をコントロールできなくなったときにおすすめの組み合わせです。

●**使用例**
ロールオンフレグランス（14ページ）　レモングラス1滴、パチュリ1滴、ベルガモット1滴にして作ります。

●**トリートメントオイル（147ページ）**
植物油30ml＋レモングラス1滴、ペパーミント1滴、グレープフルーツ1滴
植物油30ml＋レモングラス1滴、パチュリ1滴、ベルガモット1滴

●**ハーブティー（いれ方は144ページ）**
レモングラス＋レモンバーム＋スペアミント（抽出3分）

レモンバーム＋リンデン＋グリーンルイボス（抽出3分）

貧血

貧血で悩む女性は多く、5人に1人は隠れ貧血ともいわれています。この貧血に香りが役立ったらうれしいですね。循環器を強壮にしてくれるローズマリー、赤血球や白血球の働きを活発にしてくれるレモン、血液の更新促進作用があるヤロウ、ペパーミント、ブラックペッパーなどが適しています。ハーブはさらに役立つものがあります。

● トリートメントオイル（145ページ）
植物油 30ml ＋ローズマリー 1 滴、ブラックペッパー 1 滴、レモン 1 滴
植物油 30ml ＋レモン 1 滴、ヤロウ 1 滴、ペパーミント 1 滴
　このブレンドは、ともに粘膜を刺戟するブラックペッパー、ペパーミントが入っているので、ボディー以外への使用は避けましょう。

植物油 30ml ＋グレープフルーツ 2 滴、レモン 1 滴、ローズウッド 3 滴
　この組み合わせは、妊娠中の方でも使用できます。

● ハーブティー（いれ方は144ページ）
ワイルドストロベリー＋オレンジピール＋ジャスミン＋アップルピール（抽出 5 分）
　妊娠中、授乳中もおすすめ。
ワイルドストロベリー＋ネトル＋オレンジピール（抽出 5 分）
　妊娠中は NG ですが、出産直前は OK です。

胃痛

胃痛の原因は、ストレスが圧倒的に多く、ほかに食べ過ぎ、不規則な生活、体質的に胃が弱いなどの原因が考えられます。体の中でも精神的な影響を受けやすい胃には、リラックス作用のある精油やハーブと、鎮痛作用、消化促進作用のある精油やハーブを組み合わせましょう。

●組み合わせ例（精油）
オレンジ（スイートでもビターでも可）／シナモン／プチグレンオレンジ

　10歳までの子どもにはシナモンの代わりに、カモミール・ローマンを。ストレスが原因の胃痛におすすめです。香りを嗅ぐだけも気持ちが落ち着きます。シナモンは小さなお子さまには使用はできません。

●トリートメントオイル（147ページ）
植物油30ml＋オレンジ、シナモン、プチグレンオレンジ各1滴

●組み合わせ例（精油）
レモングラス／ペパーミント／ティーツリー

　ペパーミントは粘膜を刺激するので、入浴の際に精油を使うのはおすすめできません。消化不良が原因の胃痛におすすめです。胸やけなどを感じるようなときにも適しているブレンドです。ペパーミントの代わりにレモンまたはベルガモット（この場合は2滴にする）もおすすめです。

●トリートメントオイル（147ページ）
植物油30ml＋レモングラス、ペパーミント、ティーツリー各1滴

ペパーミントの代わりに、レモンやベルガモットの場合はどちらかを2滴使用。

●そのほか
・上記すべての精油の中から2種類選び、1滴ずつお風呂などに入れて胃を温めると、リラックスできます。

・胃が痛いなど、患部に触れるのが苦痛のときは足裏の胃のツボ（図参照）を押す方法もあります。

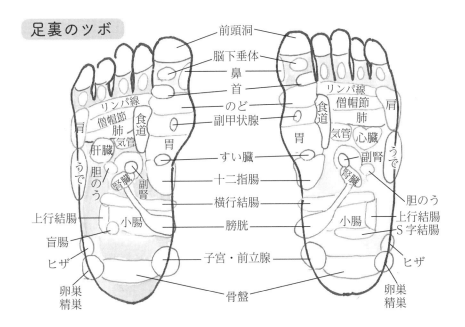

足裏のツボ

● ハーブティー（いれ方は144ページ）
バジル＋スペアミント＋オレンジフラワー＋レモングラス（抽出3分）
　オレンジフラワーは蜜のように甘い香りに、ほろ苦い味わいのハーブです。ストレス性のトラブルに役立ちます。レモングラスには健胃作用があります。スペアミントは消化促進作用、バジルは消化促進作用だけではなく、胃炎や胃酸過多、胃痙攣など胃の諸症状に役立つハーブです。

レモンバーム＋リンデン＋レモンバーベナ（抽出3分）
　妊娠中や授乳中の胃の不調に。妊娠中は、胃の不調や、胃痛には、食事中の飲み物をハーブに代えたり、食後や眠る前に1杯飲んで、朝の起きがけの飲み物をハーブにすると、胃だけではなく、腸の調子もよくなります。

生活習慣病

生活習慣病は、日々の食習慣やストレス、運動不足、過度の飲酒、喫煙などの積み重ねが原因です。その結果、動脈硬化、糖尿病、高血圧、脳卒中、心筋梗塞などが引き起こされる可能性があります。生活習慣の見直しとともに、アロマやハーブでサポートしましょう。

ハーブは胃への吸収が早いので食事の少し前に飲んでいただくと、糖の吸収を下げてくれると期待されるハーブもあります。また、アロマはストレス、デトックス（解毒）に関与する臓器へのアプローチ、それによって引き起こされる利尿作用、便通、リンパ、血液循環の促進などに大きく影響を及ぼして改善に期待できるといわれています。また、高脂血症（高コレステロール、高中性脂肪）なども考えられるためコレステロール値の低下、脂肪燃焼・溶解作用の精油を加えると効果的です。

●**組み合わせ例（精油）**

オーシュウアカマツ／オレンジ・スイート／シダーウッド

オーシュウアカマツは、副交感神経、すい臓、副腎などを刺激し、ストレスの改善、糖尿病の予防などに役立ちます。血行促進作用のオレンジ、リンパを刺激し、脂肪溶解作用が期待できるシダーウッドのブレンドです。

シダーウッドが入るので、ダイエットにもつながるブレンドです。精油ではローズマリーもダイエットに効果的ですが、生活習慣病の人の場合、高血圧を併発している可能性があるので避けたほうがよいでしょう。

●**使用例**

ディフューザー　上記の精油を各1滴。ディフューザーを使用する場合は、たくさんの水で拡散させるタイプを使用します。喫煙や飲酒、過食などが、ストレスで止まらなくなった場合にもおすすめです。

グレープフルーツ／ローズマリー／オレンジ

この組み合わせは食欲のコントロールに向いています。食欲が急に湧いてきて我慢できなくなったら、**ロールオンレスキュージェル（22ページ）**で首

筋や、胸元にコロコロしてみましょう。気持ちが落ち着きます。オレンジかグレープフルーツをパチュリと代えても OK です。

●**使用例**
ロールオンレスキュージェル（22 ページ）　前ページの精油各 1 滴で作ります。

エアーフレッシュナー（128 ページ）　オーシュウアカマツ、オレンジ・スイート、シダーウッド各 2 滴で作ります。
＊左記 3 種の精油のほかにアルファルファ、ユーカリなどもおすすめです。上の精油のいずれかと換える場合は同じ滴数で OK です。

●**トリートメントオイル（146〜147 ページ）**
植物油 30ml＋オーシュウアカマツ、オレンジ・スイート、シダーウッド各 2 滴

●**ハーブティー（いれ方は 144 ページ）**
マルベリー＋ジャーマン・カモミール＋ハイビスカス（抽出 4 分）
　マルベリーは桑の葉です。日本では桑茶という名前で親しまれています。食前 30 分前に飲むと、糖の吸収を抑え、血糖値の上昇を防ぐので、糖尿病の予防に役立ちます。デトックス作用のあるハイビスカス、リラックス作用のあるカモミールが効果的に働きかけてくれるブレンドです。
　ほかにアルファルファ、ユーカリなどもおすすめです。

マリーゴールド＋ダンディライオン＋アップルピール＋レモンバーム＋ハイビスカス（抽出 5 分）
　ダンディライオンとハイビスカス入りのブレンドは、食生活の乱れによる生活習慣病に役立ちます。ダンディライオンは肝機能を強壮にする働きも認められています。

眼の疲れ

「スマホ老眼」という言葉がスマホの普及で一般的になりました。パソコンの画面などで引き起こされるドライアイも深刻な問題です。また、紫外線による眼のトラブルも多くみられます。視力に影響が出るだけではなく、眼から入る紫外線によって日焼け、シミの原因になるともいわれていますね。

眼の疲れは頭痛、肩こりなどの原因になるほか、眼の酷使で周辺の筋肉が緊張し、自律神経が乱れて不眠が引き起こされることもあります。早めにケアしましょう。

● おすすめの精油

ラベンダー／カモミール・ローマン／ネロリ

　　眼の疲れで有効といわれるのが、カモミール・ローマンとラベンダーです。どちらもリラックス作用があり、鎮静作用、鎮痛作用もあります。
自律神経のバランスを取ってくれる3種類の精油は、眼を酷使することからくる自律神経の乱れを整えるうえでも大切です。また、鎮静作用と鎮痛作用があるので、トリートメントオイルとしてもピッタリです。

● 使用例

湿布

　　洗面器に湯または水を張り、どちら1種類の精油を1滴垂らし、よく混ぜます。よく混ぜたところにタオルを浸してしっかりと絞り、精油のついていない面を眼の上に当てます。
　　湿布は冷湿布、温湿布をくり返すと、眼のまわりの血行がより促進されて効果的です。湿布は首のつけ根に当てるのもおすすめです。
　　眼に刺激を感じる場合は、フローラルウォーターを代用しても OK。ラベンダーウォーターまたはローズウォーターがおすすめです。カモミールウォーターもおすすめですが、香りに少しクセを感じる方がいるかもしれません。

マージョラム／ラベンダー
　このブレンドは、眼のまわりの血行を促進し、鎮静作用、鎮痙作用、鎮痛作用が期待できます。

● 使用例
ロールオンレスキュージェル（22ページ）　上記の精油各1滴で作ります。パソコン作業や仕事、勉強など眼が疲れたときにこめかみあたりに塗りましょう。眼に入れないように気をつけて！　ラベンダーをカモミール・ローマンに代えても。

● トリートメントオイル（145ページ）
植物油30ml＋ラベンダー4滴、カモミール・ローマン1滴、ネロリ1滴
　植物油は、顔に使用するので、グレープシード、マカデミア、ホホバなどがおすすめです。顔に塗布したあと、中指と薬指を使って眼輪筋を眉頭からこめかみ、こめかみから下瞼に向かって力を抜いて眉頭まで戻るトリートメントをくり返します。
　目のまわりは皮膚が非常に薄いので、決して力は入れないでください。

● ハーブティー（いれ方は144ページ）
アイブライト＋スペアミント＋ビルベリー＋アップルピール（抽出5分）
　アイブライトは昔から眼の充血を取るなどの目的で使用されてきた歴史があります。ビルベリーにはアントシアニン色素が豊富に含まれているので眼の疲れなどからくる視力低下に役立つと考えられています。スペアミントが妊娠中・授乳中の飲料にお勧めできませんので、出産後の視力低下にはスペアミントの代わりにブルーベリーやレモンバームなどを代わりにブレンドされるといいでしょう。
　さらにフルーティーさが増し、小さなお子さまの眼の疲れにも役立ちます。

花粉症

　花粉症の季節に大活躍のアロマとハーブをご紹介します！！花粉症になる前に12月ごろからハーブなどを飲み始めるとよいといわれています。花粉症を予防するには免疫力をアップすることも大切です。107ページの免疫力アップブレンドもおすすめです。

●**組み合わせ例（精油）**
ユーカリ・ラジアタ／ティーツリー／ペパーミント

●**使用例**
マスクスプレー（32ページ）　ユーカリ・ラジアタ、ティーツリー、ペパーミント各1滴を使用。
　花粉症の鼻づまりを解消します。マスクの外側に2プッシュしてください。その後マスクをすると、呼吸とともに吸引できて鼻がスッとします。

●**ハーブティー（いれ方は144ページ）**
スペアミント＋ワイルドストロベリー＋ネトル（抽出3分）

レモンバーム＋アップルピール＋エルダー＋ジャスミン（抽出5分）

＊1日3杯を目安に飲んでください。シソ科の植物は花粉症によいといわれています。どちらのブレンドにもシソ科（スペアミント、レモンバーム）が含まれています。

虫刺され・かゆみ

夏になると蚊との戦いが始まります。刺されると、年齢によっては痕になってしまったり、かき壊してしまったり……。体質によっては腫れあがって、痛みを覚える方もいます。予防と対処をご紹介しますので、いい香りでトラブルを避けましょう。

● **組み合わせ例（精油）**

レモングラス／シトロネラ／ハッカ（コーンミントともいわれる）

ハッカの代わりにペパーミントやスペアミントでもOKです。ハッカはブヨなどに役立つといわれています。スペアミントは香りが甘く柔らかです。

● **使用例**

ロールオンレスキュージェル（22ページ） 上の精油から2種、各1滴を選んで使用します。

さされる前に虫よけスプレー

材料：精製水25ml、乳化剤5ml、精油3滴

作り方：精製水と乳化剤を混ぜてキャリアを作り、精油各1滴を加えます。使うたびによく振ります。小さな子どもには上記から精油を2種選び、各1滴加えて作ります。

ティーツリー／ユーカリ・ラジアタ／ラベンサラ

高血圧の方で妊娠していない方はユーカリ・シトリオドラが適しています。ラジアタは妊娠中や授乳中の方向きです。小さな子どもでも使用することができます。ただし、濃度が違うので滴数には気をつけてください。

● **使用例**

ロールオンレスキュージェル（22ページ） 上の精油から2種、各1滴を選んで使用。

記憶力の低下

記憶力を UP させることができる精油がいくつかあります。最近では、認知症に対する効果も指摘されるようになってきました。長期記憶だけでなく、短期記憶へも期待が持たれ始めているのです。高齢社会でも、香りはさらなる可能性を広げてくれそうですね。

●**組み合わせ例（精油）**
レモン／ローズマリー／ペパーミント
　レモンやペパーミント、ローズマリーは、どれも集中力を UP させてくれる頭脳明晰作用のある精油です。高血圧の方はローズマリーをティーツリーに代えても OK。

●**使用例**
エアーフレッシュナー（128 ページ参照）　各 1 滴を使用します。

レモン／ユーカリ・ラジアタ／ティーツリー
　高血圧の方はユーカリ・シトリオドラが適しています。ラジアタは妊娠中や授乳中の方、小さな子ども向けです。ただし、濃度には気をつけてくださいね。

●**使用例**
エアーフレッシュナー（128 ページ）　レモン 2 滴（1 滴）、ユーカリ・ラジアタ 1 滴（1 滴）、ティーツリー 1 滴（1 滴）を使用。
＊（）内は妊娠中、授乳中、高齢者の方向け。

●**ハーブティー（いれ方は 144 ページ）**
ローズマリー＋ハイビスカス＋レモンバーム（抽出 4 分）
　ローズマリーが血流を UP させてくれます。疲労回復効果もあり、集中力と記憶力の両方に働きかけます。

免疫力の低下

Part 2 毎日が輝きだすアロマとハーブの使い方

私たちの体を病原体から守っているのは、5種類の免疫グロブリン（抗体）というたんぱく質です。

免疫グロブリンは、ストレスが高まると減少するといわれています。私たちの免疫力の低下の原因にストレスがあるとすると、精油やハーブを上手に使って免疫力をアップすることができるかもしれません。リラックスできる精油とハーブご紹介します。

● **組み合わせ例（精油）**

ラベンダー／グレープフルーツ／オレンジ

リラックスと幸福感を与えてくれるブレンドです。体の力を抜いて、幸せな気持ちで満たされると免疫力もアップしてきます。妊娠初期の方以外、家族全員で使えるブレンドです。

● **使用例**

エアーフレッシュナー（128ページ） ラベンダー3滴（1滴）、グレープフルーツ1滴（1滴）、オレンジ2滴（1滴）を使用。＊（ ）内は妊娠中、授乳中、高齢者の方向け。

直接、お肌に触れないようにスプレーしましょう。

● **ハーブティー（いれ方は144ページ）**

エキナセア＋レモンバーベナ＋レモンピール＋アップルピール（抽出5分）

ハーブには免疫力を高めてくれるもの、抗ウィルス作用、リンパ系強壮作用などを持つものがたくさんあります。エキナセアは、天然の抗生物質とも呼ばれ、免疫力を活性化する代表的なハーブです。ただし、このハーブは（ブレンドも含む）働きが高いので、最長摂取期間を8週間にとどめたほうがいいでしょう。3週間ほどで見直し、他のハーブやブレンドを間に入れながら飲むのが上手な飲み方です。

ダイエット

アロマにも、ダイエット効果をもたらすものは存在します。「やせる」というギリシャ語が語源になったフェンネルは、昔からダイエットに役立つと飲まれてきました。消化酵素の分泌が盛んになり、消化を促し、利尿作用を促進してくれることがわかっています。マルベリーは、話題の糖の吸収を抑制する働きがあり、ダイエットに効果的と注目されています。

● 組み合わせ例（精油）
グレープフルーツ／ブラックペッパー／ローズマリー・カンファー

　リンパを刺激して老廃物を排泄する働きが高いブレンドです。ブラックペッパーは血行促進の働きが高く、体を温めてくれますが、刺激があります。

● トリートメントオイル（146 〜 147 ページ）
植物油30ml＋グレープフルーツ2滴、ブラックペッパー1滴、ローズマリー・カンファー1滴

フランキンセンス／グレープフルーツ／マンダリン
出産後のダイエットに役立つブレンドです。お肌の弱い方にもおすすめです。

● トリートメントオイル（146 〜 147 ページ）
植物油30ml＋フランキンセンス2滴（1滴）、グレープフルーツ2滴（1滴）、マンダリン2滴（1滴）
　＊（　）内は妊娠中、授乳中の方

パチュリ／ローズマリー／グレープフルーツ
　パチュリは食欲が止まらないときに役立つ香りです。月経前などで食欲のコントロールがきかなくなったときにも覚えておきたい香りです。

●トリートメントオイル（146 ～ 147 ページ。足とお腹を参照）
植物油30ml＋パチュリ1滴、ローズマリー・カンファー1滴、グレープフルーツ2滴

●ハーブティー（いれ方は144ページ）
マルベリー＋ダンディライオン＋アップルピール＋ハイビスカス(抽出5分)
　肝臓を強壮、血液サラサラで利尿作用も高いので老廃物を排泄する働きが期待できます。血糖値のコントロールに脂肪燃焼作用も!!　欲張りなダイエットブレンドです。

フェンネル＋レモンピール＋スペアミント＋アップルピール（抽出5分）
　マルベリー入りのブレンドは、食前30分前から飲み始めるといいでしょう。フェンネルのブレンドは食後の消化も促してくれます。食事中から食後にかけて飲むといいですよ。フェンネルは古代ギリシャからダイエットに使われてきました。その証拠に、古代ギリシャではマラスロン（やせるという意味）と呼ばれていました。

＊ハーブティーは1日3回飲むと効果的です。茶葉は、そのままでお湯を足すだけの2煎めは1日飲んでもいい量を越えないとみなします。1か月から3か月くらいをめどにブレンドを見直すといいでしょう。

スキンケア

しみ・傷跡

しみ、傷跡には、新陳代謝を促し、新しい細胞の形成を助けてくれる精油を選んで、少しでも目立たなくなるようにしたいですね。また、しみに関しては日焼け対策をしっかりし、作らないケアも行いましょう。

● **組み合わせ例（精油）**

キャロットシードオイル／ゼラニウム／ローズウッド

妊娠中はオレンジ、フランキンセンス、ローズウッドに。

● **トリートメントオイル（145 ページ）**

植物油 30ml＋キャロットシード1滴、ゼラニウム1滴、ローズウッド3滴

妊娠中は植物油 30ml に、オレンジ1滴、フランキンセンス1滴、ローズウッド1滴がおすすめです。柑橘系の精油には美白作用が認められていますが、塗布後、日光にあたってはいけません。

● **ハーブティー（いれ方は 144 ページ）**

ローズヒップ＋ローズ＋ハイビスカス＋ヒース＋レモンバーム

1日3回、200ml のカップで飲んでください。水出しも美味しくいただけます。水出しはお湯で出す量の2～3倍のハーブで抽出します。30 分くらいで抽出されてきます。（ハーブの組合せによって 15 分くらいの時もあります。）お好みの濃さまで抽出してお召し上がりください。

くすみ・くま

くすみの原因は、寝不足、食生活の乱れなどがあげられます。くまには、眼精疲労が原因の青くま、加齢やむくみが原因の黒くま、眼の下のしみが原因の茶くまがあります。ターンオーバーを促し、血行促進＆保湿＆美白の欲張りブレンドをご紹介します。

● 組み合わせ例（精油）

キャロットシード／レモン／オレンジ

　キャロットシードはお肌にはりを出して艶を出してくれる精油の代表です。β－カロテンが豊富に含まれているので高い抗酸化作用を含みます。

● 使用例

ロールオンレスキュージェル（22 ページ）　上記3種類の精油から2種類選び、1滴ずつ加えて作ります。柑橘系の精油が入っているので、夜使用します。

● トリートメントオイル（145 ページ）

植物油 30ml ＋ キャロットシード 1 滴（1 滴）、レモン 2 滴（1 滴）、オレンジ 1 滴（1 滴）

※（　）内は授乳中、高齢者向け。

ローズウッド／ラベンダー／カモミール・ローマン

保湿作用、細胞の再生作用が高いブレンドです。

● 使用例

ロールオンレスキュージェル（22 ページ）　3種類の精油から2種類選び、1滴ずつ加えて作ります。朝に、目のまわりを指先で力を入れずに塗ります。

● トリートメントオイル（145 ページ）

植物油 30ml ＋ ローズウッド 2 滴（1 滴）、ラベンダー 3 滴（1 滴）、カモミール・ローマン 1 滴（1 滴）　※（　）内は授乳中、高齢者向け。

　眼のまわりを中指と薬指を使って優しくトリートメントします。くすみは、顔全体をトリートメントします。力を入れずに行いましょう。

● ハーブティー（いれ方は 144 ページ）

エルダー＋ルイボス＋レモングラス＋アップルピール（抽出 5 分）

スキンケア

しわ（乾燥じわ・表情じわ）

しわの原因は乾燥、表情のくせ、加齢や紫外線など原因はさまざまです。保湿はもちろんですが、ビタミンが豊富で肌弾力を回復してくれる精油やハーブがおすすめです。

しわのケアの一つにトリートメントがありますが、決して力を入れて行ってはいけません。優しくいたわるように行います。その際、保湿作用の高い精油を使うのもおすすめです。しわの原因で多くみられる表情じわには、力を入れたマッサージがかえってしわを深くする場合もあります。優しいタッチで、不足している栄養分を補うようにケアしましょう。

●組み合わせ例（精油）
ローズ／パルマローザ／フランキンセンス

フランキンセンスはエチオピアやレバノンなどの荒野で乾燥した地域に生息する植物です。その地域の人たちの乾燥を防ぐことに役立っています。また、フランキンセンスの抽出部位である樹脂は幹についた傷を保護するように出てくるものです。しわもお肌にできた傷と考えるとフランキンセンスがしわに役立つこともわかります。

●使用例
洗い流さないパック（20ページ）　上記の精油各1滴に代えて作ります。洗顔後、または入浴後3分以内にスキンケアをしないと、お肌がかさついてしまいます。すぐにケアできないときは、さっとこのパックを塗るだけでOKです。上記精油の代わりに、カモミール・ローマン、グレープフルーツ各1滴で作るのもおすすめです。

●トリートメントオイル（145ページ）
植物油30ml＋ローズ1滴（1滴）、パルマローザ2滴（1滴）、フランキンセンス1滴（1滴）　※（　）内は授乳中、高齢者向け。

フランキンセンス／ゼラニウム／ローズウッド

肌の保湿、血行促進、リラックスなどお肌にうれしい働きが期待できます。

●トリートメントオイル（145ページ）
植物油30ml＋フランキンセンス2滴（1滴）、ゼラニウム1滴（1滴）、ローズウッド3滴（1滴）
＊（　）内は授乳中・高齢者の方向け

＋αの知恵袋　トリートメントの効果を上げるコツ
　トリートメントを行うときは、必ず洗顔のあと、清潔なお肌に行います。入浴して肌が温まったところに行うものいいでしょう。洗顔後の水滴をふき取ってオイルを塗布します。あごのほうから少しずつ上に移動してトリートメントを行います。
　トリートメントのあとは、必ずフローラルウォーターなどで整肌をしてください。その後、乳液、クリームとお手入れをします。やさしいタッチで毎日行うのがベストですが、最低でも週3回を目安に続けてみてください。しわが浅いと少しずつ目立たなくなってくるでしょう。

●ハーブティー（いれ方は144ページ）
ジャーマン・カモミール＋レモングラス＋ローズヒップ＋アップルピール（抽出5分）
レモンバーム＋エルダー＋スペアミント（抽出3分）

スキンケア

敏感肌（乾燥、日焼け、ホルモンバランス）

　自分のお肌を敏感と感じる原因は、乾燥にあります。乾燥がひどいと、お肌のバリア機能が働かず、ローションをつけたときにヒリヒリと感じるのです。保湿を行い、乾燥が改善されると、刺激を感じなくなります。

　紫外線によるお肌のダメージが原因で、敏感肌と思う方もいます。その場合、紫外線によるダメージを回復させる、外と内からのケアが必要です。肌ケアに加え、ハーブティーを飲んで、内側からのケアしましょう。紫外線の影響は、妊娠中や月経前のホルモンバランスも関わっています。92ページも参考になさってください。

●組み合わせ例（精油）

乾燥が原因

フランキンセンス／ラベンダー／イランイラン

　皮脂バランスを取ってくれるブレンドです。混合肌にもおすすめです。リラックスするブレンドなので、ストレスを感じたときにもいいですよ。

●トリートメントオイル（145ページ）

植物油30ml＋フランキンセンス2滴（1滴）、ラベンダー3滴（1滴）、イランイラン1滴（1滴）　＊（　）内は授乳中・高齢者向け

紫外線が原因

ラベンダー／カモミール・ローマン／ティーツリー

　消炎症作用のある精油と保湿作用の高い精油、紫外線からのダメージを回復してくれるブレンドです。

●トリートメントオイル（145ページ）

植物油30ml＋ラベンダー3滴（1滴）、カモミール・ローマン1滴（1滴）、ティーツリー2滴（1滴）　＊（　）内は授乳中・高齢者向け。

ホルモンバランスが原因
イランイラン／ゼラニウム／ローズウッド
　月経不順にも役立つブレンドです。ホルモンバランスが関係するトラブル全般に役立ちます。覚えておくと便利です。

● トリートメントオイル（145ページ）
植物油30ml＋イランイラン2滴（1滴）、ゼラニウム2滴（1滴）、ローズウッド2滴（1滴）　＊（　）内は授乳中・高齢者向け。

● ハーブティー（いれ方は144ページ）
ブルーベリー＋アップルピール＋レモンバーム＋ヒース＋ラベンダー（抽出5分）

> ## ＋αの知恵袋
> **フローラルウォーターパック**
> 　30mlのフローラルウォーター（芳香蒸留水）にそれぞれの組み合わせのトリートメントと同じ滴数を入れて、コットンをひたひたに浸してコットンパックをすると、さらに鎮静がUPしてお肌が休まるのでおすすめです。
>
> **ローズウォーター**
> 　小児科医が、アトピー性皮膚炎の子どもにもすすめています。人間のお肌と同じPH値（弱酸性）で、消炎症作用、保湿作用があります。
>
> **ラベンダーウォーター**
> 　消炎症作用、鎮静作用の高いウォーターです。芳香療法（アロマテラピー）という言葉の誕生のきっかけになったといわれる。フランスの化学者、ルネ・モーリス・ガットフォセ（1881～1950）が実験中に火傷を負い、そばにあったラベンダーウォーターに患部をつけたところ回復したとか。通常の治療では治らなかったから、ひどい箇所に精油のラベンダーをつけたところ、きれいに治ったとも伝えられています。いずれにしてもラベンダーは日焼け（＝火傷）に役立つことがかいま見えるエピソードですね。

スキンケア

オイリー肌

オイリー肌の原因の一つは、皮脂バランスのくずれです。皮脂バランスがくずれると、オイリーだけではなく、乾燥も招きます。洗顔後、保湿をしないとお肌の皮脂バランスはくずれ、必要なときに皮脂を出してくれないお肌になり、「砂漠化」が進んでしまいます。オイリー肌の方には意外かもしれませんが、保湿をしっかりすることで、オイリー肌とさよならできる第1歩がはじまります。

● 組み合わせ例（精油）

ベルガモット／ゼラニウム／フランキンセンス

　調整作用のある精油で作られたブレンドです。オイリー肌は勿論、乾燥肌、にきび肌にもおすすめです。

● トリートメントオイル（145ページ）

植物油30ml＋ベルガモット2滴（1滴）、ゼラニウム2滴（1滴）、フランキンセンス2滴（1滴）　＊（　）内は授乳中・高齢者向け。

ティーツリー／ユーカリ・ラジアタ／レモングラス
● 使用例

簡単石けん（17ページ）　精油をティーツリー3滴、ユーカリ・ラジアタ1滴、レモングラス2滴に代えて作ります。クレイ入りの石けんは、オイリー肌におすすめです。

● ハーブの組み合わせ例

ジャーマン・カモミール／レモンバーム／ローズマリー
● 使用例

フェイシャルスチーム　お茶パックにいずれかのドライハーブを大さじ1杯ほど入れます。洗面器に湯を張り、お茶パックを入れ、蒸気がこもるようにバスタオルをかぶります。10分ほど眼を閉じ、顔に蒸気をあてます。

にきび（大人にきび・思春期にきび）

思春期にできるにきびは、皮脂が原因です。でも大人にきびの多くは、ホルモンのバランスが原因といわれます。ホルモンバランスの崩れはストレス、寝不足、食生活の乱れ、生活の乱れ、運動不足からきます。精油やハーブは、どちらのにきびにもおすすめです。

●組み合わせ例（精油）

思春期にきび

<u>ローズマリー・シネオール／ティーツリー／ラベンダー</u>

にきびの原因はアクネ菌です。このブレンドは殺菌作用が高いブレンドです。

●トリートメントオイル（145ページ）

<u>植物油30ml＋ローズマリー・シネオール1滴、ティーツリー1滴、ラベンダー1滴</u>

このオイルをスポッツオイルとして、にきびに塗ってもよいでしょう。

●大人にきび

<u>クラリセージ／カモミール・ローマン／ゼラニウム</u>

殺菌作用はもちろんですが、ホルモンのバランスには、リラックス作用がある精油がおすすめです。

●トリートメント（145ページ）

<u>植物油30ml＋クラリセージ2滴、カモミール・ローマン1滴、ゼラニウム1滴</u>

●ハーブ

<u>エルダー／レモンバーム</u>

●使用例

フェイシャルスチーム　お茶パックにいずれかのドライハーブを大さじ1杯ほど入れます。洗面器に湯を張り、お茶パックを入れ、蒸気がこもるようにバスタオルをかぶります。10分ほど眼を閉じ、顔に蒸気をあてます。

スキンケア

リフトアップ

人の眼に触れる顔は「疲れ」「やつれ」「老けて見える」などのイメージを与えてしまいがち。一度たるむと、筋肉は元に戻ろうとはしてくれません。

でも、あきらめるのはまだ早いです!!「戻れ、戻れー」と願いを込めながら、トリートメントをスペシャルブレンドで行ってみましょう。セルフトリートメントは力を入れず、手をできるだけ引き上げた筋肉から離さないのがポイントです。毎日、少しずつ行うと、本来あるべきところに戻ってきますよ。道具を使ったり、無理な力をかけたりすると、かえってしわになります。血行を良くし、老廃物を流すイメージを忘れずに!!

● **組み合わせ例（精油）**

パチュリ／ローズマリー・カンファー／ローズウッド

　高血圧はNG。肌の再生作用が高いブレンドです。たるんだお肌も引き締めてくれます。少しクセがありますが、滴数を守って、マスキング効果のある香りをブレンドすれば、心地よい香りになります。

● **トリートメントオイル(145ページ)**

植物油30ml＋パチュリ1滴、ローズマリー・カンファー1滴、ローズウッド4滴　＊（　）内は授乳中、高齢者向け。

パチュリ／グレープフルーツ／ローズウッド

　高血圧の方には、このブレンドはおすすめです。グレープフルーツはリンパ系を刺激する働きがあります。

● **トリートメントオイル(145ページ)**

植物油30ml＋パチュリ1滴（1滴）、グレープフルーツ2滴（1滴）、ローズウッド3滴（1滴）　＊（　）内は授乳中、高齢者向け。

パルマローザ／ゼラニウム／ラベンダー
　血行をよくすることもリフトアップには大切なことです。お肌の集中ケアに適しているパルマローザは、ラベンダーと同様、細胞の再生作用が高い精油です。

●トリートメントオイル(145ページ)
植物油30ml＋パルマローザ1滴（1滴）、ゼラニウム1滴（1滴）、ラベンダー3滴（1滴）　＊（　）内は授乳中、高齢者向け。

ローズ／フランキンセンス／グレープフルーツ
　ローズは皮膚肌弾力を取り戻してくれる、まさに美の香りです。高価ですが、いつかは1本手元に置きたいと思う憧れの香りです。たるみに役立つフランキンセンス、リンパを刺激するグレープフルーツをプラスした、このブレンドを一度はお試しあれ！！

●トリートメントオイル(145ページ)
植物油30ml＋ローズ1滴（1滴）、フランキンセンス1滴（1滴）、グレープフルーツ2滴（1滴）　＊（　）内は授乳中、高齢者向け。

●ハーブティー（いれ方は144ページ）
　たるみの原因に寝不足あり！　ぐっすり眠って、トリートメントの効果をアップさせましょう。
リンデン＋ジャスミン＋レモンバーム（抽出3分）
リンデン＋ローズヒップ＋レモンバーム（抽出5分）
　ナイトハーブのリンデン、ジャスミンのほかに、ローズ、ジャーマン・カモミール、ラベンダーなどがおすすめです。ハーブティーだけではなく**ハーバルミルクバスグッズ（29ページ）**などで使うのもおすすめです。

デオドラント

汗をかくと「汗臭さ」が気になりますが、そもそも汗自体には臭いはありません。皮膚の雑菌によって臭いの物質が発生するのです。体調によっても、臭う場合があります。汗以外にも、30代以降の人たちには疲労臭、ストレス臭というものが増加しています。リラックスと殺菌、抗菌作用のある精油、浄化浄血作用のあるハーブで、体の中からデオドラントケアをしましょう。

●**組み合わせ例（精油）**
ティーツリー／レモン／ラベンサラ／ユーカリ・ラジアタ
　この組み合わせは高血圧にはNGですが、ラジアタの代わりにユーカリ・シトリオドラを使用すればOK。
　抗菌、殺菌作用のある組み合わせです。ティーツリー入りの石けんはアルコール消毒の代わりに使われていた時代もあったそうです。

●**使用例**
簡単石けん（17ページ）　ティーツリー2滴、レモン3滴、ラベンサラ2滴、ユーカリ・ラジアタ1滴で作ります。

手作りパウダー（11ページ）　上記の精油4種類から2種類を選び、各1滴を使用します。

●**ハーブティー（いれ方は150ページ）**
ローズマリー＋ハイビスカス＋レモンバーム（抽出4分）
ローズマリーが血流をアップさせます。疲労回復に効果があり、集中力と記憶力の両方に働きかけます。

口腔・口臭ケア

Part 2 毎日が輝きだすアロマとハーブの使い方

歯周病や口内炎のケアには精油やハーブが効果的という話を、歯科医師から聞いたことがあります。その昔、歯磨き粉がなかった時代は、ワイルドストロベリーなどのハーブで歯を磨いていたそうです。マウスウォッシュなどを上手に使って、虫歯や歯周病、口臭をケアしましょう。

● **組み合わせ例（精油）**
ティーツリー／スペアミント
　スペアミントをレモングラスに代えるのもおすすめです。

● **使用例**
　マグカップにぬるま湯を入れて、各1滴滴下して口をゆすぎます。
　＊ティーツリーは口内炎に役立つことで知られています。スペアミントは口臭ケア、歯茎の引き締め、レモングラスは歯周病の予防、歯茎の引き締めに役立ちます。

● **ハーブティー（いれ方は144ページ）**
ルイボス＋ラズベリー＋レモングラス＋アップルピール（抽出5分）
　ルイボスは昔から虫歯予防に使われてきました。レモングラスは歯周病にも役立つのではないかと期待が持たれているハーブです。家族全員で飲むことができるので、たっぷりポットに作って飲みたいブレンドです。乳歯の生え始めた赤ちゃんにもおすすめ！　乳幼児には白湯や水で3倍に薄めてください。

マウスウォッシュにオススメのハーブ　33ページでご紹介したもののほか、口腔・口臭ケアには、レモングラス、ワイルドストロベリー、ラズベリーなどです。これらのハーブからお好みのものを選んで作ります。

ヘアケア

抜け毛、白髪、パサつきなど、髪にお悩みの方に朗報です‼ 精油やハーブには、ヘアケアにおすすめのものがたくさんあります。今回は、ヘアスプレーはもちろん、ヘッドトリートメントを取り入れて、植物の香りに癒やされながら、ヘアケアをしましょう。

● **組み合わせ例（精油）**

ペパーミント／ティーツリー

季節の変わり目に頭皮のかゆみが気になったときにおすすめです。眼に入らないように気をつけて！フケが気になるときにもいいですよ。

● **ヘッドトリートメントオイル（145ページ）**

植物油30ml（ホホバ、アプリコットカーネルオイルがおすすめ）＋ペパーミント、ティーツリー各1滴

イランイラン／ローズウッド

妊娠中はNGですが、出産後におすすめです。産後は抜け毛が気になります。このブレンドは、出産後のホルモンバランスも整えてくれるので一石二鳥です。

● **ヘッドトリートメントオイル（145ページ）**

植物油30ml＋イランイラン1滴、ローズウッド2滴

シダーウッド／フランキンセンス

乾燥が目立つときにおすすめです。頭皮も柔らかくしてくれるので、抜け毛やふけにも役立つブレンドです。

● **ヘッドトリートメント（145ページ）**

植物油30ml＋シダーウッド1滴、フランキンセンス2滴

ヘッドトリートメントの手順（マッサージは145ページ）

　ヘッドトリートメントは抜け毛だけではなく、血行を促進するので髪に栄養がいき渡りやすくなり、白髪の予防にもなります。産後、髪の量が減った方は、出産後からトリートメントを行うと、育毛につながります。

1　シャンプーの前に行います。100円玉ほどオイルを出して、頭全体に塗布します（足りない場合は足す）。
2　指の腹を使ってしっかりとトリートメントします。シャンプーをする前に行うことで、整髪剤や髪や地肌に付着した汚れなどを浮かし、取り除くことができます。
3　その後、いつもどおりシャンプーを行います。

●ハーブの組み合わせ例
　<u>ネトル＋ペパーミント</u>

　<u>カモミール＋リンデン</u>

　<u>ルイボス＋ネトル</u>
●使用例
　ハーブティーと精油で作るヘアケアスプレー（19ページ）　上記のお好みのハーブと、お好みの精油の組み合せでヘアケアスプレーを作ります。

ハンドケア

手は年齢を表します。しわしわ、カサカサの手にサヨナラするケアを始めましょう。

手のむくみをほぐすと、腕の疲れも取れてくるのがわかります。血行をよくすることで、しもやけなどの予防にもなります。

● 組み合わせ例（精油）

ローズマリー／レモングラス

血行をよくするブレンドです。手から腕をトリートメントすると肩こりにも役立ちます。

ハンドトリートメントオイル（146ページ）

植物油30ml＋ローズマリー1滴、レモングラス2滴

指のつけ根の部分から指先まで、少し引っ張るイメージでトリートメントします。手の平は外側に向けて手の平を広げるイメージで行うといいでしょう。

ゼラニウム／ローズウッド

保湿作用も期待できるので一石二鳥。血行をよくして保湿を促します。

● ハンドトリートメントオイル (146ページ)

植物油30ml＋ゼラニウム2滴、ローズウッド4滴

指のつけ根の部分から指先まで、少し引っ張るイメージでトリートメントします。手の平は外側に向けて手の平を広げるイメージで行うといいでしょう。

フランキンセンス／マンダリン

保湿を促し、ターンオーバーをスムーズにして美白も期待できます。

● ハンドトリートメントオイル (146ページ)

植物油30ml＋フランキンセンス、マンダリン各3滴

指のつけ根の部分から指先まで、少し引っ張るイメージでトリートメントし

ます。手の平は外側に向けて手の平を広げるイメージで行うといいでしょう。

ラベンダー／ティーツリー

　しもやけに役立つブレンドです。しもやけのときは、植物油 27ml に小麦胚芽油 3ml を加えると、さらに効果的なオイルができます。湯上がりに、オイルを気になるしもやけの箇所に浸透させるようなイメージですり込みます。ラベンダー、ティーツリーの消炎症作用やかゆみ止めに役立ちます。

● ハンドトリートメントオイル（146 ページ）

植物油 30ml ＋ ラベンダー 4 滴、ティーツリー 2 滴

　指のつけ根の部分から指先まで、少し引っ張るイメージでトリートメントします。手の平は外側に向けて手の平を広げるイメージで行うといいでしょう。

● ハーブティー（いれ方は 144 ページ）

ジャーマン・カモミール ＋ エルダー（3 分抽出）

　抗炎症作用があるので、乾燥している肌には手浴（下記）がおすすめ。飲むとリラックスし、血行を促します。

レモンバーム ＋ リンデン（3 分抽出）

ローズマリー ＋ ジンジャー（4 分抽出）

● 手浴

　洗面器に湯を張り、お茶パックに入れた上記のハーブを入れて抽出します。湯が色づいたら手を入れます。湯の中で、グーパーグーパーと手を閉じたり開いたりしてください。肩こりがひどいときは、ひじまで浸けると、腕からくる手のむくみが取れやすくなります。

季節ごとに好まれる香りの特徴

香りで感じる季節の移ろい

　日本には春夏秋冬という美しい季節があります。

　季節特有の香りを感じる日本の四季は、幼少期をアフリカで育ったことがある私にとって、本当にぜいたくなものだと今でもありがたく思います。

　早春は梅や匂い椿、雪解けの土の香り、春は沈丁花と桜の香り、そして桜が散ると、新緑の若葉のみずみずしい香りともっこうばらのさわやかで甘い香りがし、それに続いて雨とくちなしの香りが夏の訪れを告げます。プールと熱風を帯びた地面の香り、蚊取り線香のどこか懐かしい香り、月桃のお香などの夏の香りから、次第に香りも移ろぎます。「あっ、秋だ」と、天気図を見なくても嗅覚で秋の訪れを感じるのですね。

　金木犀とともに、たき火のような何かを燃やしたスモーキーな香り……。家々からは、夕食の温かいおでんの匂いが流れてきます。このころ遊歩道を犬と歩くと、ひいらぎの木に白い小さな花が咲き、甘い香りをさせます。「柊」と書いて「ひいらぎ」と読むように、この花が咲き始めると「もうすぐ冬ですよ」と自然界が優しく教えてくれます。そしてキンと冷え、空気中に水分が含まれると、雪の香りがしてきます。

　こんな生活で培われた私たちの感性には、他国にはない香りのイメージが作り出され、脳波にも違いが出てくるといわれています。

オレンジと聞いてイメージするのはどちら？

　アロマを勉強すると、オレンジはリフレッシュの香りとして学びます。実際に「特徴類似説[※]」という考え方からは、太陽をイメージする香りといわれます。前向きで明るい気持ちにしてくれる香りで、この香りを嗅ぐと、脳波は活動的になっているときに出る$β$波が測定されます。

　「そうかそうか、確かにオレンジ＝みかんは夏の太陽が燦々と輝く下で育って、太陽をイメージできる！」と、すんなり納得する方は、この日本に、何人いるでしょうか？　オレンジの主要生産国１位がブラジルであるように、暖かい地域で生産されるので、外国では、太陽と結びつけて考えられるのです。

しかし、日本でオレンジのような柑橘といえば、みかん。「こたつと冬」というイメージを持つ方もいるのではないでしょうか。このこたつのイメージからは、β波ではなく、リラックス時に出るα波が出ています。実際にオレンジの香りをトリートメントに使うとリラックスし、眠ってしまう方がとても多いのです。日本で生活する私たちにとって、オレンジは冬を連想する香りであって、どうやら夏のイメージではなさそうです。

香りをかいでイメージを膨らませると……

　このように、生活習慣から香りの感じ方に違いが出るものもあります。たとえば、フランキンセンスはアロマの本には「冬、クリスマスの香り」と書かれています。以前、アロマを学ばれている方向けに、フランキンセンスから連想する季節のアンケートとったところ、「冬・クリスマスの香り」という意見が多かったことがありました。「クリスマスにかいだことがありますか？」という問いには「ない」という、矛盾が起きる結果となりました。どうやら授業で習ったことを覚えていた結果、「冬、クリスマスの香り」になってしまったようです。

　感性を自由にしてみると、「夏」とイメージする方もいました。シュワシュワと弾けるようなイメージの香りがするのだそうです。生活習慣が呼び起こす香りのイメージといえます。もちろん、キリスト系の学校に通われていた方が、講堂に焚かれていた香りはフランキンセンスだったと気づかれた方もいました。

　この章では日本の生活習慣や気候に合わせて、どのような香りが四季のシーンにおすすめなのかをご提案いたします。

※特徴類似説　ヒポクラテスによる、植物の色や形、生息している場所がその作用を示すという説。

　春は芽吹きのとき、新しい生活の始まりのときでもあります。太陽の暖かさが心地よく、すべてがキラキラする季節です。でも、新しいことが始まるときは、不安になることもあるかもしれません。
　春は気分を明るく、前向きにしてくれる香りをどうぞ。背中を軽く押してくれ、笑顔で一歩を踏み出せますよ。

春におすすめの精油

カモミール・ローマン / ローズ / セラニウム / ネロリ / カユプテ / ユーカリ・ラジアタ / ティーツリー / マンダリン / タイム / ローズマリー / パルマローザー / メリッサ

春にぴったりのエアーフレッシュナー

春眠暁を覚えず……リフレッシュしたいときにぴったり。

材　料　ローズマリー・カンファー 1 滴
　　　　オレンジ・スイート（またはラベンサラ）1 滴
　　　　ペパーミント 1 滴
　　　　精製水 25ml　無水エタノール 5ml

作り方　①精製水と無水エタノールを混ぜます。
　　　　②精油を加えてスプレーボトルに入れます。

＊使用する前には必ず振ります。冷暗所で保存し、1 か月程度で使いきります。
＊オレンジが入っているので、肌に直接つけて紫外線を浴びるのはＮＧです。
　日中使用する場合はオレンジをラベンサラに変えます。

春のキッチン用エアーフレッシュナー

暖かくなり、キッチンの匂いが気になってきたらシュッとスプレー。
前ページを参照し、精油を以下に代えて作ります。

ペパーミント1滴　レモン2滴　ティーツリー1滴

＊妊娠中・授乳中・小さなお子さまと一緒に使用するときはペパーミントをユーカリ・ラジアタ1滴に替えます。

ジェルフレグランス

ドキドキの春のスタート。不安を和らげ、勇気をくれる香りを。
23ページを参照し、精油を以下に代えて作ります。

カモミール・ローマン1滴　マンダリン1滴　レモンリツェア1滴

＊エアーフレッシュナーでは、カモミール・ローマン1滴（1滴）、マンダリン1滴（1滴）、レモンリツェア1滴でつくります。

マスクスプレー

鼻がムズムズして、眼もかゆい…そんなときの香りの組み合わせ。
32ページを参照し、精油を以下に代えて作ります。

ユーカリ・ラジアタ1滴(1滴)　ティーツリー2滴(1滴)　ローズウッド3滴(1滴)

＊眼のかゆみには、冷やしたラベンダーウォーターをコットンに浸して眼をパックすると、かゆみがやわらぎます。

香り玉

不安を和らげ、穏やかな気持ちにしてくれます。
40ページを参照し、精油を以下に代えて作ります。

フランキンセンス3滴　スペアミントまたはペパーミント2滴（妊娠中期以降はカモミール・ローマンで代用。2滴）　ホーウッド1滴

＊幼児はNG。
＊この組み合わせはエアーフレッシュナーもOK。その場合、精油は各1滴にして作ります。

春におすすめのハーブティー

　春は冬の間溜め込んだものを体の外に出す、デトックスの季節です。春の山菜をはじめとする旬の食べものには、ほのかな苦味がありますが、苦味質は肝臓のメンテナンスに役立ちます。体内の有害物質の解毒に関わる肝臓を、苦味の成分でサポートします。
　新しい細胞を活性化させ、体の目覚めを助けるハーブで体の中の大掃除をしてみましょう！
●いれ方は144ページ。

血液をきれいにして、花粉症をやっつけよう！！
ネトル＋ワイルドストロベリー＋スペアミント（抽出3分）

　ネトルには、昔から浄化浄血作用があるといわれてきました。ワイルドストロベリーはミネラル分が豊富で、体内のミネラルバランスを整える働きがあります。利尿作用も高いので老廃物を排泄してくれます。スペアミントがスッキリと飲みやすくしてくれます。

新陳代謝よ上がれ!!ブレンド
ハイビスカス＋ローズヒップ＋ダンディライオン（抽出5分）

　ハイビスカスが入っているので、代謝を上げてくれる力が高いブレンドです。ベストパートナーのローズヒップが入って、酸味が和らげられます。ダンディライオンとローズヒップは利尿作用が高いので、老廃物を排泄することが得意なブレンドです。

桜リーフは春の最強の味方！！
桜リーフ＋ハイビスカス＋ローズヒップ＋アップルピール＋ワイルドストロベリー（抽出5分）

桜の香りはリラックス作用があり、お肌の老化を遅らせる成分が含まれていることは有名です。また、二日酔いにもいいことから、桜の下でお酒を飲んでいる時に盃に花びらが入ると、昔の人は好んでその花びらを飲んだと聞いたことがあります。葉にはクマリンという成分が含まれているので血行を促進し、血栓を防ぐという働きがあるといわれています。

このブレンドは心身のバランスをとってくれたり、利尿作用で体内のバランス、浄化浄血の働きが期待出来たり、美肌に期待が持てるブレンドです。桜の葉の過剰摂取で気になる肝臓への影響もブレンドで1日3杯までを守れば安全の中でうれしい働きが期待できます。

＋αのまめ知識　ノンカフェインのたんぽぽコーヒー

春になると、道端にたんぽぽの花が咲き始めます。

フランスでは、この花の柔らかい葉を使って春先にサラダを食べるそうです。日本の山菜がそうであるように、このたんぽぽの葉も苦味があります。ある本に、「フランス人にスタイルのよい人が多いのは、春先にたんぽぽサラダを食べているからだ」と書いてあったのをいつも思い出します。

あのギザギザの葉がライオンの歯に似ていることから、ハーブの世界では「ダンディライオン」と呼ばれています。このハーブには、冬の間に溜まった毒素や老廃物を排泄する「解毒」の働きがあるといわれています。「おねしょのハーブ」と異名をもつほど、利尿作用が高いのです。この作用は、肝臓の機能が高まっている証拠です。むくみをとってくれることもよく知られています。

どんな場所にも太く、しっかりとした根を下ろし、綿毛を遠くまで飛ばして子孫を増やすたんぽぽに、生命力の強さを感じます。その根を乾燥させたハーブが、ダンディライオンです。たんぽぽコーヒーには、この根の部分を使います。

たんぽぽコーヒーは次の要領で手作りもできます。

①乾燥した根をフライパンに入れ、弱火でこがさないようにしながらコーヒー色になるまで乾煎りします。
②粒が残る程度にミルにかけます。
③再び、弱火でから煎りし、好みの芳ばしい香りになったらでき上がり。
④コーヒーフィルターで濾して飲みます。

Summer

梅雨時期は湿度が上がるため、香りの好みに変化がみられます。たとえば5月ごろには好まれたラベンダーの香りが、6月に入ると、途端に強すぎる香りに感じます。そんなときはグレープフルーツとブレンドをすると、軽やかな香りに変身します。ブレンドのすごさを実感されることでしょう。使いたい、自分に必要な香りを好きな香りに変身させるために、夏は柑橘系やミント系が大活躍します。

夏におすすめの精油

イランイラン / ラベンダー / ゼラニウム / ティーツリー / タイム / レモングラス / シトロネラ / レモン / グレープフルーツ / フランキンセンス / ヒノキ / 和ハッカ / スペアミント / ペパーミント / バジル

夏にぴったりのエアーフレッシュナー 1

ちょっと汗ばむときに、気分がスッキリ！の香り

材　料　ペパーミント1滴
　　　　シダーウッド1滴
　　　　ユーカリ・ラジアタ1滴
　　　　精製水25ml　無水エタノール5ml

作り方　①精製水と無水エタノールを混ぜます。
　　　　②精油を加えてスプレーボトルに入れます。

＊使用する前には必ず振ります。冷暗所で保存し、2〜3週間で使いきります。

眠れないときにおすすめの香り

寝苦しい夜、上手にクーラーを使いながら眠りにつくことが今では普通に。香りもプラスして良質の睡眠をとりたい時にもおすすめの香りです。寝室に数回プッシュしてみましょう。心地よい空間が出来上がるでしょう。

夏にぴったりのエアーフレッシュナー　2

お部屋の匂いを消して、クール感たっぷり！
前ページを参照し、精油を以下に代えて作ります。
クローブ 1 滴　スペアミント 1 滴　ペパーミント 1 滴　バジル 1 滴
＊乳幼児がいる空間への使用は NG。

－5 度のリラックス空間ブレンド　エアーフレッシュナー

清涼感のある香りで、室内の温度が下がったように感じます。
前ページを参照し、精油を以下に代えて作ります。
マンダリン 2 滴　ラベンダー 3 滴　ペパーミント 1 滴

赤ちゃんといっしょの空間にも使える香りの空間ブレンド

前ページのエアーフレッシュナーを参照し、精油を以下に代えて作ります。
ミルテ 1 滴　マンダリン 2 滴

手作りパウダー

新緑の気持ちの良い季節です。ちょっぴり汗ばむときに気分をリフレッシュさせ、デオドラント効果が期待できるブレンドです。
11 ページを参照し、精油を以下に代えて作ります。
シダーウッド 1 滴　ペパーミント 1 滴
＊妊娠中・授乳中・乳幼児の使用は NG。上記精油 2 種の代わりに、ローズウッド 1 滴がおすすめです。

夏のキッチンの芳香剤

排水溝やゴミ箱のまわりなど気になるところに置いておくだけ。

37 ページを参照し、精油を以下に代えて作ります。
クローブ 1 滴　スペアミント 1 滴　ペパーミント 1 滴

子どもと楽しむ夏の室内芳香剤

甘くさわやかな香りは子どもたちにも人気です。

37ページを参照し、精油を以下に代えて作ります。
ティーツリー2滴　レモン3滴　ベルガモット3滴　レモングラス1滴　オレンジ・スイート3滴

夏におすすめのハーブティー

　夏は熱中症が気になる季節です。しっかりと水分を補給して体内の水分バランスを取ることが大切です。水出しでゆっくり抽出すると、ハーブの風味もホットとはまた違ったおいしさで味わえます。＊いれ方は144ページ参照

夏バテにも役立つリフレッシュブレンド！
スペアミント＋レモングラス＋レモンバーム（抽出3分）

　内臓の疲れも吹き飛ばしてくれるブレンドです。消化促進作用も期待でき、ストレスも解消してくれる香りと味のブレンドは、夏場にもおすすめです！

夏バテした心と体にオススメのブレンド
アップルピール＋ワイルドストロベリー＋レモングラス（抽出5分）

　ミネラルがたっぷりと含まれているワイルドストロベリーに、ほんのり甘い風味のアップルピール、健胃作用で有名なレモングラスには、リフレッシュ作用が期待できます。夏の気になるむくみにもおすすめです。

飲むと体がスーッとするブレンド
レモンバーム＋スペアミント＋バジル（抽出3分）

　バジルは抗菌作用、消化促進作用、健胃作用が期待できます。また、イライラを抑え、不眠を解消してくれる働きもあります。バジルをスパイスで料理に使う方にとっては「飲めるの？」と抵抗があるかもしれません。フランス料理店では、食後の飲み物として出されているところもあります。バジル味のバニ

ラアイスもあります。のど越しがスーッとするブレンドです。

夏、疲れたときに飲んでみてほしいブレンド
ローズ＋リンデン＋アップルピール＋レモンバーム（抽出５分）

　夏の終わりになると、何となく疲れを感じ始めます。そんなときに飲んでほしいブレンドです。体にやさしいので、どなたとでも楽しむことができます。夜眠る前に飲むナイトハーブとしてもピッタリです。アップルピールとレモンバームを少し多めに入れると、甘さが感じられるブレンドになります。

＋αのまめ知識　千の用途をもつリンデン
　梅雨時期になると淡いクリーム色の花を咲かせるリンデンは、日本では菩提樹と呼ばれます。シューベルトの歌曲集「冬の旅」の「菩提樹」で、ご存知の方もいるかもしれませんね。
　リンデンは、花、苞（花に近い部分の葉）、白木質（木）などあらゆるところに薬効があるといわれています。リラックス作用、血圧の安定、発汗、利尿作用、安眠、消化促進、風邪予防などなど。働きが多岐に渡っていることから、ヨーロッパでは「千の用途をもつ木」と呼ばれ、大切にされてきました。
　マルセル・プルーストの『失われた時を求めて』の中で、日常親しまれていた植物であることが、子どものころの思い出として表現されています。主人公は、幼いころリンデンのお茶にマドレーヌを浸して食べていました。大人になって、その香りとともに幼少期の記憶の扉が開かれるのです。これが、「プルースト現象（特定の香り、味覚などから記憶が呼び起こされる現象）」という言葉を生みました。
　もしも、このさまざまな力を持つ不思議な木に会いたくなったら、銀座の並木通りか、杉並区にある大宮八幡宮を訪ねてみてください。６月から７月の開花期には、とてもいい香りを楽しめます。この花から採れた蜂蜜は、良質で貴重なものです。ちなみに、仏陀が悟りを開いたエピソードに登場する菩提樹はクワ科、こちらはシナノキ科で、種類が違います。

「秋の日のつるべ落とし」というように、秋の夜長は、部屋でのんびりと過ごす夜の時間も増え、香りを楽しむにはぴったりな季節です。また、夏には少し重く感じた香りも心地よくリラックスする香りに感じられ、好みの変化に気づく季節でもあります。食欲の季節でもあるので、食べ過ぎを予防してくれる香りも覚えておくと心強いです。

秋におすすめの香り

パチュリ / シダーウッド / グレープフルーツ / オレンジビター / フェンネル / プチグレンオレンジ / ミルテ（マートル）/ レモンリツェア / ローズウッド / フランキンセンス / サンダルウッド / マジョラム / ローズ / パルマローザ / ベンゾイン

秋にぴったりのエアーフレッシュナー

秋は食欲の季節！　食べ過ぎ抑制の精油で食欲コントロール。

材　料　グレープフルーツ2滴
　　　　パチュリ1滴
　　　　ローズマリー・カンファー1滴
　　　　精製水25ml　無水エタノール5ml

作り方　①精製水と無水エタノールを混ぜます。
　　　　②精油を加えてスプレーボトルに入れます。

＊使用する前には必ず振ります。冷暗所で保存し、2〜3週間で使いきります。

ロールオンレスキュージェル

副交感神経系を優位にし、夏の疲れを癒やしてくれる香りです。

22ページを参照し、精油を以下に代えて作ります。()内は幼児向けの分量です。

プチグレン1滴（1滴）　マンダリン1滴（1滴）　シダーウッド1滴（1滴）

妊娠中の方はシダーウッドに代えてオレンジ・スイートにします。ほかに運転前の使用は控えめにしましょう。

＊エアフレッシュナーも同滴数で作れます。

バススプレー

体に疲れを感じたら、このスプレーでゆっくりお風呂タイム。
30ページを参照し、精油を以下に代えて作ります。

パルマローザ1滴　レモングラス1滴　マジョラム1滴　ラベンダー2滴

リラックス効果がとても高いので、集中したいときの事前の使用は控えましょう。

＊エアーフレッシュナーも同滴数で作れます。

ジェルフレグランス

食欲の秋。過食を抑制するパチュリで食欲をコントロール。

23ページを参照し、精油を以下に代えて作ります。
グレープフルーツ1滴　パチュリ1滴　ローズマリー・カンファー1滴

＊このブレンドはトリートメントにもおすすめです。

スキンケアキャンドル

秋の夜長、ゆっくりと過ごしたいときに。このブレンドはペットもOK。
25ページを参照し、精油を以下に代えて作ります。

マンダリン1滴(1滴)　ミルテ(マートル)1滴(1滴)　ローズウッド2滴(1滴)　ベルガモット1滴(1滴)

＊()内は、妊娠中の方、幼児向けの分量です。

＊エアフレッシュナーも同滴数で作れます。

秋におすすめのハーブティー

　夏で疲れた体をいたわりながら、秋はゆっくりと過ごす時間を少しでも持ちたいですね。そんなときは、心や体を優しくいたわってくれるブレンドがおすすめです。ハーブティーはノンカフェインのものがほとんどなので、胃腸にも優しいのがうれしい。
＊いれ方は144ページ。

疲れた体を風邪から守るブレンド

ジャーマン・カモミール＋エルダー＋レモングラス（抽出3分）

　秋風が吹き始めると風邪やインフルエンザに注意が必要になってきます。カモミール・ジャーマンは体を温め、風邪の予防にピッタリのハーブです。エルダーはインフルエンザの特効薬といわれています。レモングラスは、カモミールと一緒に疲れた胃腸をいたわってくれます。

リラックスして疲れを癒してくれるブレンド

ジャスミン＋リンデン＋ハイビスカス（抽出4分）

　ナイトハーブといわれる、夜にもおすすめのリラックスハーブであるジャスミンとリンデン入りのブレンドは、緊張を解きほぐし、不安を和らげてくれるハーブです。クエン酸入りのハイビスカスは、疲労も回復してくれる、心身に優しいブレンドです。

食べ過ぎたときにおすすめのブレンド

アップルピール＋レモングラス＋ジャスミン＋ローズヒップ（抽出5分）

　食欲の秋に食べ過ぎたとき、おすすめのブレンドです。フルーティーで飲みやすいブレンドには、疲労回復と風邪予防にピッタリなローズヒップ入りです。

＋αのまめ知識　「紫馬簾菊」って、どんなハーブ？

　紫馬簾菊とは、何と読むかご存知ですか？　答えは「むらさきばれんぎく」です。これは、エキナセアというハーブの和名です。何だか、すごい当て字ですよね。

　エキナセアには何種類かありますが、紫色のエキナセアが一番ポピュラーです。パープルコーンフラワーという別名をもっています。

　ところで紫馬簾菊の馬簾とはどういう意味でしょうか。辞書で調べると、纏（まとい）の飾りとして彩色した、細長い紙や革などを長く垂らしたものを意味しているとあります。その名前の由来は、エキナセアの開花したときの様子でわかります。エキナセアの花びらは開花すると次第に下に垂れ下がっていきます。そのさまが纏の飾りのように見えたので紫色のバレン。だから紫馬簾菊なのですね。

　このエキナセア、「天然の抗生物質」とも呼ばれ、免疫力を高めてくれるほか、抗ウィルス作用、抗菌作用の高さも実証されています。このような働きから、病気の予防に役立つのです。ただし、作用の高さから飲みすぎに注意する必要があります。

　飲みすぎを防ぎ、働きを体に取り入れる最良の方法として、チンキがあります。２６ページのチンキの作り方を参考にしていただき、ぜひ作ってみてください。９月ごろまでが開花期のエキナセアは、盛りの終わりに乾燥させてチンキに仕込んでおくと、インフルエンザや風邪のシーズン、花粉症のシーズンに大活躍します（ドライならそのまま作れる）。自然のサイクルの優秀さを感じます。

年末年始はイベントが目白押し、慌ただしくも人と会う機会の多い季節でもあります。風邪やインフルエンザも本格化してきます。忙しいからこそ殺菌作用、抗菌作用、消毒作用、抗ウィルス作用の高い精油が大活躍しそうです。身体を温めてくれる精油もおすすめです。

冬におすすめの香り

シナモン / クローブ / カルダモン / オレンジ / タンジェリン / ベルガモット / フランキンセンス / ベンゾイン / ジュニパー / サイプレス / サンダルウッド / 和レモン / セージ

クリスマスにおすすめのエアーフレッシュナー

乳幼児と使うときは、シナモンは刺激が強いのでタンジェリンに代えて。

材　料　オレンジ・ビター1滴（1滴）
　　　　フランキンセンス1滴（1滴）
　　　　シナモン（妊娠中・授乳中・乳幼児はタンジェリンに）1滴（1滴）
　　　　精製水25ml　無水エタノール5ml
作り方　①精製水と無水エタノールを混ぜます。
　　　　②精油を加えてスプレーボトルに入れます。

＊使用する前には必ず振ります。冷暗所で保存し、2〜3週間で使いきります。
＊（　）内は妊娠中や幼児向けです。
＊シナモン入りはインフルエンザにも役立ちます。

リードディフューザー

クリスマスに、飾りだけではなく、香りの演出も楽しんでみませんか。

38ページを参照し、精油を以下に代えて作ります。
シナモン3滴　オレンジ・ビター6滴　フランキンセンス7滴
＊妊娠中・授乳中・乳幼児へはシナモンではなく、タンジェリンに代えます。
＊濃度が高いので、お子さまのいる場所から離して置いてください。

ケルンの水で作る芳香剤

抗菌、殺菌、抗ウィルス作用の高い精油で風邪予防をしましょう。

37ページを参照し、精油を以下に代えて作ります。
　**ユーカリ・ラジアタ1滴　ミルテ（マートル）3滴　ティーツリー3滴
　レモン3滴**
＊エアーフレッシュナーに作る場合は、前ページを参照し、以下の滴数で作ります。
　ユーカリ・ラジアタ1滴　ミルテ（マートル）1滴　ティーツリー1滴　レモン1滴
＊乳幼児と一緒に使用する場合は4種類の中から3種を選んで1滴ずつで作ってください。
＊高血圧の方はユーカリ・ラジアタをユーカリ・シトリオドラに変更します。

文香

和のお正月にピッタリの香りで、新しい一年を迎えてみませんか？

43ページを参照し、精油を以下に代えて作ります。
スペアミント1滴　フランキンセンス1滴　ヒノキ1滴　サンダルウッド1滴
＊香りは魔除けにもなります。この香りを文香として使うなら、どなたでもOKですが、バッグに入れるなど携帯して使う場合は、妊娠中・授乳中の直接の使用はNG、乳幼児への直接の使用はNGです。
＊エアーフレッシュナーを作る場合は、前ページを参照し、上記の滴数で作ります。

> 簡単石けん

浴室や洗面所で、リラックスできる香りに癒やされます。

17ページを参照し、精油を以下に代えて作ります。
**グレープフルーツ3滴または2滴　オレンジ・ビター2滴　ローズウッド3滴
ベルガモット2滴または3滴**
＊乳幼児とも同滴数で使用できます。
＊エアーフレッシュナーは、140ページを参照し、以下の滴数で作ります。
グレープフルーツ1滴（1滴）　オレンジ・ビター2滴（1滴）　ローズウッド2滴（1滴）　ベルガモット1滴（1滴）
＊（　）内は、妊娠中の方、乳幼児向けの分量です。
＊石けんの場合は洗い流すので特に問題はありませんが、柑橘系が入っているので光感作用があることを念頭に置いてください。

冬におすすめのハーブティー

楽しいイベントが目白押しの冬の季節は、知らず知らずに食べ過ぎてしまったり、疲れがたまってきたりします。楽しい時間を過ごすためにも、元気に新年を迎えるためにも免疫力を下げないように過ごしたいですね。
＊いれ方は144ページ参照

> 疲れをためないためのブレンド

レモングラス＋ローズヒップ＋アップルピール＋ルイボス（抽出5分）

「どうしてこんなにすることがたくさんあるんだろう……」と思うくらい、年末は忙しさを増してきます。疲れが溜まってくると、風邪もひきやすくなります。身体も心も疲れたな……と思ったら、飲んでほしいブレンドです。

和菓子と相性のよいブレンド

ワイルドストロベリー＋ネトル＋オレンジピール（抽出5分）

　ハーブは洋菓子だけではなく、和菓子との相性もいいんですよ。日本人になじみのある懐かしい緑茶の香りに近いブレンドで、初めてハーブティーを飲む人にもおすすめです。

パーティーの後に飲みたいブレンド

レモンバーム＋リンデン＋レモングラス（抽出3分）

　忘年会にクリスマス、お正月に新年会と、飲んだり食べたりが続き、胃腸も大忙しです。一年の疲れも出やすくなってくる時期、消化のサポートをしてくれるブレンドの組み合わせです。

＋αのまめ知識　シナモン最強説！！

　何年か前にシナモンの苗木を見かけたことがあります。その値段の高さに驚きましたが、自宅であのシナモンが摂れたらどんなにいいだろうと、その場を離れることができませんでした。シナモンの香りは古今東西、人々を魅了し続けてきました。その昔はミイラ作りにも使われたとか。

　シナモンによく似た種類にカシアがあり、漢方で桂皮（チャイニーズシナモン）といわれるのはこちらで、聖書に登場するのもカシアです。日本でニッキあめなどに使われているシナモンは、桂皮でもあり、シナモンでもあるそうです。

　実は、シナモンも桂皮も厳密な区別がなされていないというのが現状のようです。どちらにも体を温める加温作用、健胃作用、消化促進作用、精神疲労回復、風邪の諸症状緩和、吐き気を抑える（制吐作用）、殺菌作用、防腐作用などの働きがあります。最近ではインフルエンザの特効薬ともいわれ、注目されています。

　加温作用の高さについては、唐辛子、アルコールなどとの比較実験で、最も加温状態を保っていることがわかりました。体が冷えたときにいただく私が大好きなブレンドは、シナモン＋ルイボス＋レモングラス＋レモンピール＋アップルピールです。ブレンドティーを作るときはシナモンをミルにかけて粉末状にするとよいでしょう。

ハーブティーのいれ方

花、葉、実で、抽出時間が多少変わります。

いれ方

ティーカップ1杯分（約200ml）に対し、ハーブはティースプーン山盛り1杯を用意します。沸騰湯を一息おいて（98℃）、ハーブを入れたポットに注ぎ、5分おいて抽出します。冷めないよう、ティーコゼをかぶせます。抽出時間は、ブレンドの中で一番抽出時間が長いものに合わせます。

水出しする場合は、ハーブを2〜3倍量用意し、分量の水で15〜30分抽出します。

ハーブティーのいれ方

1人分（約200ml）
98℃の熱湯 200ml

ハーブ　量の目安

花
ティースプーン1杯

＋

葉
ティースプーン½杯

＋

実
ティースプーン½杯

＋

ティースプーン
山盛り1杯

セルフトリートメント

顔のトリートメント

顔のつぼ
① 攢竹（さんちく）　眉毛の内側／眼精疲労・まぶたのはれに
② 絲竹空（しちくくう）　眉毛の外側／眼精疲労・頭痛・イライラ
③ 顴髎（けんりょう）　頬骨の中央のすぐ下／顔のムクミ
④ 迎香（げいこう）　小鼻の横／鼻づまりなど
⑤ 眼輪筋（がんりんきん）　眼のまわりの筋肉、眼のトリートメントは、この部分を優しくさするように

中指、薬指、手の平を部位に応じて使い、トリートメントを行います。顔は力を入れすぎないように。使う指でまぶたを触れ、痛くない力が適切です。

 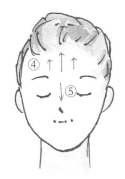 

① 顔全体にオイルを塗布し、あごの中心に中指と薬指をあてて人差し指を添え、外側にらせんを描くようにさすり上げます。
② 下唇の下のくぼみのおとがいから口角の外側を通り、顴髎付近まで引き上げます。
③ 眼の下は、やさしく外側に向かってさすり、こめかみのくぼみまで流します。
④ 額は手の平を使って、眉上から前髪の生え際に向かって、左右交互に引き上げるように動かします。
⑤ 鼻筋は中指と薬指で上から下の鼻先に向かってなでます。

頭のトリートメント

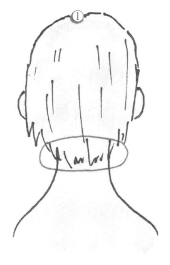

頭のつぼ
① 百会（ひゃくえ）　頭頂部分に位置する。血行促進、自律神経を整える。髪の生え際を温めると眼の疲れにも役立つ。

 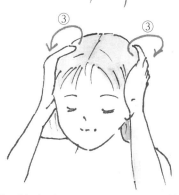

① 前髪の生え際より少し額側の中央からスタートします。らせんを描くように中3本の指の腹を使って少し強めにトリートメントします。
② 5本の指を使い、耳の上から頭頂に向かってジグザグを描くように動かします。少しずつ場所をずらしながら百会まで繰り返します。
③ 手根部分を、こめかみの延長線と耳の上で交わったあたりに密着させます。円を描くように手根を動かします。

腕のトリートメント

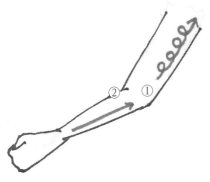

腕のつぼ
①曲池　ひじを曲げたときにできるしわのあたりに位置する。肩こり、腕のトラブル、冷え性、生理不順に。
②三里　ひじを曲げたところから手首側に指三本分のところに位置する。胃腸のトラブル、にきびなどに。

① オイルを塗布しながら腕のこりを探ります。

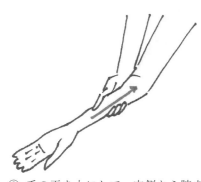

② 手の平を上にして、内側から腕をつかみ、親指に圧を加えながら流します。筋や骨の当たるところは力を加えず、密着させるだけにします。ひじリンパ節(肘の関節部分)に流すイメージで行います。

③ 曲池、三里に流すイメージで行います。上腕部は手の平で大きくつかんで円を描くようにほぐします。

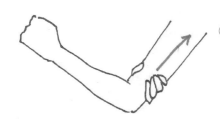

④ 腋の下の腋窩リンパ節に流すイメージで上腕部を下からつかんで流します。親指に圧を適度に入れながら腋の下に流していきます。

足のトリートメント

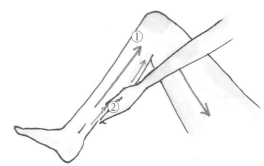

足のつぼ
①三里　ひざ下のくぼみから指三本分外側に位置する。内蔵、特に胃の不調、呼吸器系トラブル、精神的疲労に。
②承山　ふくらはぎでアキレス腱との変わり目の所に位置する。足の疲労、だるさに。

① 脚全体にオイルを塗布します。手の平を広く使い足首から太ももの鼠径に向かって動かします。脚のつけ根部分の鼠径はデリケートなので、絶対に力は入れないでください。
② ふくらはぎは手全体で肉を逃がさないようにしながら膝裏の膝窩リンパ節まで老廃物を流し込むように手を動かします。片手で行える方は、左右交互で同じ方向に動かしながら行います。

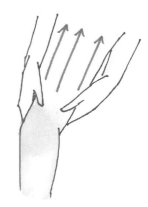

③ 太ももは部位が広いので膝上の前面、内側、外側、背面の４つのパーツに分けて手の平を大きく使い、密着させて動かします。内側などデリケートな部分もあるので、ここでは指に力を入れずに、オイルをすり込むイメージで手を動かします。

④ 膝上の前面は親指に圧を入れて、脚のつけ根に向けて流します。力は心地いい程度で行います。

腰（お尻）のトリートメント

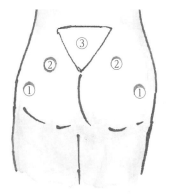

腰の痛みは脚の坐骨神経が原因のこともあります。腰そのものを刺激すると痛めてしまうこともあるので、セルフトリートメントはお尻がおすすめ。

腰に役立つお尻のつぼ

①環跳（かんちょう）　お尻に力を入れたときにできるくぼみに位置する。膝の痛み、腰の痛み、だるさ、坐骨神経痛に

②胞こう（ほう）　仙骨の下、指四本分外側に位置する。ヒップアップ、坐骨神経痛、腰、足の疲れに。

③仙骨（せんこつ）　お尻の割れ目から逆三角形のあたりに位置する。環跳、胞こうは梨状筋をつなぐように位置する。梨状筋は坐骨神経、骨盤の部分にあり、骨盤のバランスなどに大きく影響している。この部分を柔らかくすることが大切。横になり、こぶしやテニスボールをツボのあたりにあてると効果的。

おなかのトリートメント

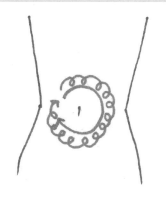

① おへそのまわりを、手の平を使ってオイルを塗布しながらほぐします。小指と親指以外の指でらせんを描きながら、さらにほぐしていきます。

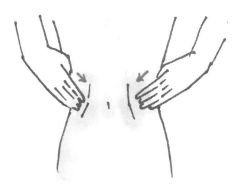

② 柔らかくなったら、腹式に合わせて息を吐くと同時に、左右の手をおへそのほうに向かって押します。少し前かがみになると無理なく押すことができます。

気持ちを香りでコントロール

赤ちゃんの夜泣きを香りで解決

　香りと記憶の密接な関係について、70ページでお伝えいたしました。香りは感情に関わる扁桃体にも作用します。イライラしたり、悲しかったり、興奮したときに香りを嗅いで、心が落ち着いた経験はありませんか？
　赤ちゃんの夜泣きに原因は、78ページのようにさまざまな説があり、まだわかっていません。「赤ちゃんの夜泣き」には、オレンジの香りがよい、とよくいわれますが、厳密にはオレンジ・ビターの香りです。同じオレンジでも、オレンジ・スイートの香りは、パニック障害に効果が見られています。79ページでご紹介したように、オレンジ・ビターをほんの少し漂わせれば、赤ちゃんの興奮も収まります。ちなみに、赤ちゃんは嗅覚が非常に発達しているということがわかっています。複雑な感情が育つ前の赤ちゃんのこの変化は、香りは感情に影響しているという証にもなるのではないでしょうか。

ストレスの多い現代人に香りの習慣を

　戦国武将は戦の前に香を焚き、気持ちを鎮めて戦に臨んだという話も、歴史のエピソードで聞かれます。これもまた、香りで感情の起伏が抑えられるという、先人の知恵が活かされたものでしょう。
　現代もまた、大事の前に緊張するというのは、どなたにも経験があると思います。この緊張も、香りをかぐことで出る脳内物質が、緊張感を抑えることがわかっています。80ページでも具体的な精油やハーブをご紹介しましたので、ぜひ参考にしていただきたいと思います。
　記憶と感情、香りは密接な関係があります。香りをかいで当時の感情が湧き起こり、記憶が鮮やかによみがえるということもあるでしょう。であれば、良い気分のときに好きな香りをかぎ、穏やかな気持ちになる、あるいは、元気でやる気に満ちたときに、気分に合った香りをかぐ――そういった習慣を積極的にもつようにしてはいかがでしょう。自分の感情をうまくコントロールできないときに精油の力を借りるのも、素敵な使い方だと思います。

気持ちを落ち着かせたいときの香り

ストレスを感じてイライラしたり、ゆううつに感じたりするときには、フランキンセンスやベルガモット、ローズ、ゼラニウムなどが、心のバランスをとってくれます。ほかに、煩雑なことから自分に眼を向けるよう導いてくれるサンダルウッド、お母さんの香りとして有名なカモミール・ローマンなどがあります。

誰かにトリートメントしてもらえるときは、背中にオイルを塗布してもらいましょう。子どもが泣いたときに背中をトントンとしますよね。あのあたりにオイルをつけてトリートメントしてもらいます。セルフで行うときは、首から胸元にかけて優しくオイルを塗布し、なでてください。香りが心身にしみ渡り、心が落ち着いてくるのがわかります。

精油の組み合わせ1

上記のトリートメント用として、以下の精油を植物油30mlに混ぜます（約6回分）。＊（　）内は妊娠中・授乳中・高齢者向け。

フランキンセンス2滴（1滴）

ベルガモット4滴（1滴）

オレンジ・ビター2滴（1滴）

精油の組み合わせ2

上記のトリートメント用として、以下の精油を植物油30mlに混ぜます（約6回分）。

ローズ1滴

ゼラニウム2滴

マジョラム1滴

精油の組み合わせ3

上記のトリートメント用として、以下の精油を好みの植物油30mlに混ぜます（約6回分）。

カモミール・ローマン1滴

オレンジ（ビターでもスイートでもよい）2滴

サンダルウッド3滴

気持ちを香りでコントロール

> 気分が落ち込んでいるときの香り

「ミスをした」「悲しいことがあった」といったきっかけによって気持ちが沈むほか、気候や体調によっても、気分が落ち込むことはありますね。そんな日があったら、ぜひ、この香りの組み合わせを思い出してください。気分が徐々に上向いてきて、やる気が出てくる、前向きになれる……そんな効果が期待できます。

精油の組み合わせ

エアーフレッシュナー(128ページ)に、以下の精油の分量で作ります。

フランキンセンス1滴（1滴）

グレープフルーツ2滴（1滴）

ラベンダー2滴

ラベンサラ1滴（ティーツリーに代えて1滴）

＊ラベンダーを除き、（　）内の滴数で作ると、妊娠中、授乳中、乳幼児にも使用できます。

＊妊娠中の方は精油の分量について、ラベンダー2滴を省き、フランキンセンス、グレープフルーツ、ティーツリー各1滴にします。あとは同様に作ります。

ハーブティーの組み合わせ（いれ方は144ページ）

レモンバーム＋エルダー＋スペアミント（抽出3分）

＊妊娠中、授乳中の方は、スペアミントをアップルピールに代えます。

いやなことを忘れたいときの香り

人には忘れたい記憶が1つや2つあるものです。けれど、忘れようと思えば思うほど、その時の記憶が強化されてしまうことがあります。そんなときは記憶を良い記憶とすり替えるといいですよ。楽しい記憶を思い出させてくれるブレンドで、悪い記憶とのすり替えを行ってみましょう!!

ローズは、気持ちを晴れやかにするときに有効性が高いと昔からいわれています。でも高価なので、買うのに躊躇してしまう……そんなときはローズゼラニウムから抽出された、ゼラニウムを効果的に使用する香りがおすすめです。

精油の組み合わせ1
エアーフレッシュナー (128ページ) を、以下の精油の分量で作ります。
サンダルウッド3滴
ローズ1滴
ベルガモット2滴
ローズとサンダルウッドという、とてもぜいたくな組み合わせです。部屋中にこの香りを漂わせたときの効果を、ぜひお試しいただきたいと思います。

精油の組み合わせ2
エアーフレッシュナー（128ページ）を、以下の精油の分量で作ります。
ゼラニウム1滴
サンダルウッド2滴
ベルガモット2滴
ユーカリ・ラジアタ1滴
ローズをゼラニウムに代えたブレンドです。ユーカリ・ラジアタの清涼感ある香りを組み合わせると、いやな記憶をスッパリ切り離せそうです。

ハーブティーの組み合わせ（いれ方は144）ページ
リンデン＋ジャーマン・カモミール＋アップルピール＋オレンジピール＋ルイボス（抽出5分）

気持ちを香りでコントロール

リラックスしたいときの香り

忙しい平日を過ごしたあとの休日は、日常の嫌なことも忘れて、ゆっくりと過ごしたい……そんなときにおすすめの香りです。好きな香りに包まれて、好きな音楽と好きなことをして過ごしたい日にピッタリです。ディフューザーに入れて、お昼寝にもいいですね。ちょっぴり大人の香りです。

精油の組み合わせ1

エアーフレッシュナー(128ページ)に、以下の精油の分量で作ります。
ゼラニウム2滴
イランイラン2滴
オレンジ・スイート2滴

精油の組み合わせ2

エアーフレッシュナー(128ページ)に、以下の精油の分量で作ります。
マンダリン2滴(1滴)
オレンジ・スイート2滴(1滴)
ローズウッド2滴(1滴)
＊( )は妊娠中の方向け。

ハーブティーの組み合わせ（いれ方は144ページ）

オレンジピール＋レモンバーム＋アップルピール＋ジャーマン・カモミール（抽出5分）
　ほんのり甘く、フルーティーな味わいのブレンドです。

集中したいときの香り

今、やるべきことに集中したいときにも香りは大活躍です。頭の中をクリアにして、目の前のことに取り組むことができる香りの組み合わせです。集中できる香りは同時に記憶力もUPしてくれる特徴があります。勉強に仕事に、何かに取り組むときに香らせてみてください。

精油の組み合わせ1
エアーフレッシュナー(128ページ)に、以下の精油の分量で作ります。
ローズマリー（シネオールでもカンファーでもOK）1滴
レモン1滴
スペアミント1滴

精油の組み合わせ2
エアーフレッシュナー(128ページ)に、以下の精油の分量で作ります。
ユーカリ・ラジアタ1滴
グレープフルーツ1滴
レモン1滴

この組み合わせは、子どもが落ち着いて机に向かってくれないときに効果的です。そのほか、オレンジ、カモミール・ローマン、ローズウッド、ベルガモットなども子ども部屋の香りとしておすすめです。イライラ、もやもやを和らげてくれます。

ハーブティーの組み合わせ（いれ方は144ページ）
ローズヒップ＋ハイビスカス＋スペアミント＋レモンバーベナ(抽出5分)

小学生の子どもと一緒のときは、スペアミントの比率を小さくするとよいでしょう。

精油の禁忌表

・横軸の項目に当てはまるようであれば、×、△の指示に従い、使用してください。

禁忌・注意事項	高血圧	てんかん	月経過多・多量月経	妊娠初期
イランイラン				×
オーシュウアカマツ				×
オレンジ（スイート、ビター）				
カモミール・ローマン				×
カモミール・ジャーマン				×
カルダモン				×
キャロットシード				×
クラリセージ			×	×
グレープフルーツ				
クローブ				×
サイプレス				×
サンダルウッド				×
シダーウッド				×
シトロネラ				×
シナモン・リーフ				×
ジャスミン				×
ジュニパー			×	×
スペアミント				×
セージ	×	×		×
ゼラニウム				×
タイム（リナロール）				×
ティーツリー				
ニアウリ				×
ネロリ				×
バジル				×
パチュリ				×
ハッカ				×
パルマローザ				×
ヒノキ				×
プチグレンオレンジ				
ブラックペッパー				△
フランキンセンス				
ペパーミント			×	×
ベルガモット				
ベンゾイン				×
ホーウッド				
マジョラム			×	×
マンダリン				
ミルテ（マートル）				
メリッサ				×
ヤロウ		×		×
ユーカリ・グロブルス	×	×		×
ユーカリ・シトリオドラ		×		×
ユーカリ・ラジアタ	×	×		×
ラベンサラ				×
ラベンダー				×
レモン				
レモングラス				
レモンリツェア				×
ローズ				×
ローズウッド				
ローズマリー（カンファー、シネオール）	×	×	×	×

【そのほか注意する精油】
キク科アレルギーの方はNG／カモミール・ジャーマン、カモミール・ローマン、ヤロウ

・空欄は使用可。×は使用不可。△は下のとおりにパッチテストで確認してから使用。

妊娠中期後期	敏感肌	授乳時	多量	長時間	日光
出産直前のみ○	△		×	×	
出産直前のみ○	△				
					×
	△				
×					
×			×		
					×
×	×		×		
×					
×					
×	△				
×	△	×			
×					
×			×		
×	△	×			
×		×	×	×	
×	△				
出産直前のみ○					
	△				
出産直前のみ○					
出産直前のみ○					
×	△	×			
△					
×	△				
出産直前のみ○					
×		×			
	×		×		
×	△	×	×		
	△		×		×
×		×	×		
	△				×
×					
×	△	×	×	×	
×			×		
×			×		
			×		
	△		×		×
	△		×		
×	△				
×					
×			×		

【パッチテスト】10mlの精製水や植物油に1滴たらして腕の内側につけ、10分様子を見る。赤くなったり、かゆみが出たりしたら使用不可。
●精油は1日5～6滴まで、妊娠中・授乳中・乳幼児・小児・高齢者は3滴まで。
●精油は原液塗布は不可（ラベンダーやティーツリーは原則可）。

斜体文字は濃度に注意すれば乳幼児でも使用可。
クラフトは、記してある条件内の滴数で作り、何日かに分けて使用すること。

【そのほか注意する精油】
腎臓病の方はNG／ジュニパー　緑内障の方はNG／レモングラス、メリッサ

ハーブの禁忌表

・横軸の項目に当てはまるようであれば、×、△の指示に従い、使用してください。

禁忌・注意事項	高血圧	てんかん	妊娠初期	妊娠中期・後期	敏感肌	授乳時	多量	その他
アイブライト								
アップルピール								
アニスシード			×	×				
アルファルファ								小児への使用は避ける
エキナセア			△	△ピンポイントで使用すること			×	8週間以上は飲まない
エルダー								
オレガノ			×	×				
オレンジピール								
オレンジフラワー								
クローブ			×	×	×		×	
桂花（キンモクセイ）								長期飲用は控える
さくらリーフ								
シナモン・リーフ			△	△（妊娠中は控えめに）				糖尿病、降圧剤を摂取している場合は多量摂取に注意
ジャーマン・カモミール			×	×	×			
ジャスミン								
ジュニパー			×	×			×	4週間以上の連続飲用は控えること
ジンジャー			△	△				胆石のある人は医師に相談を
スペアミント			×	△		×		
セージ		×	×	×		×	×	
タイム			×	×				
タラゴン			×	×				
ダンディライオン								
ネトル			×	出産直前のみ○				ドライで使用すること
ハイビスカス								
バジル								
ヒース								腎臓の弱い方は控えめに飲料

【そのほか注意するハーブ】
キク科アレルギーの方はNG／エキナセア、ジャーマン・カモミール、タラゴン、ダンディライオン、マリーゴールド
腎臓病の方はNG／ジュニパー
緑内症の方はNG／レモングラス

・空欄は使用可。×は使用不可。△は下のとおりにパッチテストで確認してから使用。

禁忌・注意事項	高血圧	てんかん	妊娠初期	妊娠中期・後期	敏感肌	授乳時	多量	その他
ビルベリー								
フェンネル			×	×				キャラウェイとのブレンドは避けること
ブルーベリー								
ペパーミント			×	×	△	×	×	
マジョラム			×	×		×	×	心臓に疾患のある方は量に注意
マテ			×	×				カフェイン有
マリーゴールド			×	×				
マルベリー								
マロウ								
ユーカリ	×	×	×				×	
ラズベリー			×	出産直前のみ○				妊娠中の飲用は医師に相談すること
ラベンダー			×	×				
リンデン								
ルイボス								
レモングラス								妊娠中は飲みすぎなければOK。催乳作用があるので授乳中はオススメ
レモンバーベナ							×	
レモンバーム								
レモンピール								
ローズ			×	×				
ローズヒップ								
ローズマリー（カンファー、シネオール）	×	×	×	×			×	
ローリエ								
ワイルドストロベリー								

●禁忌になっているものでも、料理は使用量が少ないのでOK。クラフトやハーブティーの場合は禁忌に従うこと。●0～7歳児には普通にいれたハーブティーを白湯や水で2～3倍に薄める。●斜体文字は濃度に注意すれば乳幼児でも使用可

おわりに

　私は幼少期、アフリカのガーナというところで育ちました。そこでクーデターにあい、「物のない生活」を経験します。

　両親は、何もないところから物を生み出す天才です。父や母が工夫をこらし、自然を活かしたさまざまな物づくりをしてくれたおかげで、私と弟は、日本にいるよりも充実した日々を送りました。

　父は、西洋医学の医師です。でも早くから漢方を取り入れ、我が家の猫の額ほどの庭に、さまざまな植物を育てていました。その植物は季節ごとに形を変え、食卓に並ぶこともありました。『家族ロビンソン漂流記　ふしぎな島のフローネ』を見るたびに、どこか親しみを感じるのは、自分の幼少期の思い出と重なるからかもしれません。

　祖父母はかつて里山のある地に住み、山菜や野草を摘みに連れて行ってくれ、さまざまな料理やお菓子を作ってくれました。今でも手作りのよもぎ餅の味を忘れることができません。蚊に刺されると腫れあがってしまい、市販の薬ではどうしようもなくなる私に、オトギリソウのチンキを作って湿布をしてくれました。私にはそれが一番よく効いたのです。

　子どもの頃を振り返ると、私がアロマやハーブの道を選んだのは、自然な流れだったのかもしれません。

「先生は本を書かないんですか？」

　雑誌『セラピスト』の記事の取材でご縁を得た編集者の半澤さんの一言で、この本の製作が始まりま

した。大切な生徒さんたちのあと押しもあり、いつか自分のレシピやまとめてきたものを本にしたいと思ってきました。けれど、どこの出版社に相談したらいいのか、長年悩んできました。半澤さんとの出会いが、私の夢を叶える第一歩となったのです。半澤さん、本当にありがとうございます！！

　ご紹介いただいた編集者の福元さんとの出会いは、奇跡としか思えません。心から感謝いたします。私の本の写真を担当してくださった山野さん、素敵な写真を本当にありがとうございました。優しさが伝わる写真は、お人柄のように思えます。そして、精油とハーブのイメージを素敵に伝えるデザインをしてくださった石井様に感謝いたします。

　本の出版にあたり、あと押しをしてくださるように『セラピスト』での連載を持たせてくださいました、代表・編集長東口様、副編集長の稲村様に心から感謝いたします。

　いつも応援してくださる大切なクライアントと会員の皆さんや友人たちに、植物の世界に導いてくれたENYA'S GARDENの塩谷ご夫妻、プロトリーフ二子玉川店の店長佐藤様に、そして傍で支え、励ましてくれた父と母、主人と娘に感謝いたします。

　12歳の愛娘が大人になったときにも、この地球が、素晴らしい自然に満たされた世界であってほしいと願って。

　　　2019　年　春の香りを感じ始めた暖かい日に
　　　　　　　　　　　　　　　　　　　川西加恵

※『家族ロビンソン漂流記　ふしぎな島のフローネ』
　家族が乗った船が座礁して無人島に流れ着き、そこで一家が力を合わせ、困難に立ち向かいながら島から脱出する物語。

参考文献

『精油テキスト』日本アロマコーディネーター協会編（日本アロマコーディネータースクール本部）
『セラピストなら知っておきたい解剖生理学』野溝明子著（秀和システム）
『足裏・手のひら　セルフケア』手島渚監修（枻出版）
『決定版　お茶大図鑑』主婦の友編（主婦の友社）
『ハーバリストのための薬用ハーブの化学』アンドリュー・ペンゲリー著（フレグランスジャーナル社）
『植物はなぜ薬を作るのか』斉藤和希著（文春新書）
『美容皮膚科医が教える美肌をつくるスキンケア基本ルール』吉木伸子著（PHPビジュアル研究所）
『医学の歴史』梶田昭著（講談社）
『ビジュアルガイド　精油の化学』長島司著（フレグランスジャーナル社）
『香りの化学はどこまで解明されたか』青島均著（フレグランスジャーナル社）
『アロマセラピストのための最近の精油科学ガイダンス』三上杏平著（フレグランスジャーナル社）
『アドバンスト・アロマテラピー』カート・シュナウベルト著（フレグランスジャーナル社）
『ハーブ＆スパイス事典』伊藤進吾・シャンカール・ノグチ（誠文堂新光社）
『メディカルハーブの事典』林真一郎編集（東京堂出版）
『新版　医師が教える　アロマ＆ハーブセラピー』橋口玲子著（マイナビ出版）
『＜香り＞はなぜ脳に効くのか』塩田清二著（NHK出版）

著者紹介

「アロマハウス　ラ・メゾンフォーレ」代表

川西加恵（かわにしかえ）

日本ハーブソムリエ協会理事長。日本アロマコーディネーター協会認定インストラクター、日本エステティック協会認定エステティシャンなど。講師のほかに医療現場、中学校、高校での講演、大学での講義、執筆活動など多岐に活躍。自身が代表を務める「アロマハウス　ラ・メゾンフォーレ」は、著者の手技にファンが殺到するエステティック、精油やハーブをもっと深く知りたい人やプロのセラピストを目指す人を対象に行うスクール、そして、精油、ハーブを販売するなど、幅広く希望に応じるサロン。顧客は全国に存在し、スクールにも全国から通ってくる。いずれも、予約ですぐにうまってしまう人気サロン。さらに独自のブレンドも販売しているショップでは、有名フレンチレストランにハーブティーのオリジナルブレンドを卸すほど、プロの料理人からの信頼も厚い。

アロマハウス　ラ・メゾンフォーレ
公式サイト
http://www.aroma-herb.net/index.html

イラスト　川西加恵
撮　　影　山野知隆
デザイン　石井香里
苗木協力　Garden Island 二子玉川店 プロトリーフ

予約のとれないサロンの

とっておきの精油とハーブ
秘密のレシピ

健康・美容・食に役立つ香りの知恵袋

2019 年 4 月 10 日　初版第 1 刷発行

著　者　川西加恵
発行者　東口敏郎
発行所　株式会社 BAB ジャパン
　　　　〒151-0073 東京都渋谷区笹塚 1-30-11　4・5F
　　　　TEL　03-3469-0135　　FAX　03-3469-0162
　　　　URL　http://www.bab.co.jp/
　　　　E-mail　shop@bab.co.jp
　　　　郵便振替　00140-7-116767

印刷・製本　中央精版印刷株式会社

©Kae Kawanishi 2019
ISBN978-4-8142-0196-9 C2077

※本書は、法律に定めのある場合を除き、複製・複写できません。
※乱丁・落丁はお取り替えします。

MAGAZINE Collection

アロマテラピー＋カウンセリングと自然療法の専門誌

セラピスト

スキルを身につけキャリアアップを目指す方を対象とした、セラピストのための専門誌。セラピストになるための学校と資格、セラピーサロンで必要な知識・テクニック・マナー、そしてカウンセリング・テクニックも詳細に解説しています。

- ●隔月刊〈奇数月7日発売〉　●A4変形判
- ●164頁　●本体917円＋税
- ●年間定期購読料5,940円（税込・送料サービス）

Therapy Life.jp
セラピーのある生活

http://www.therapylife.jp/

セラピーや美容に関する話題のニュースから最新技術や知識がわかる総合情報サイト

セラピーライフ 検索

業界の最新ニュースをはじめ、様々なスキルアップ、キャリアアップのためのウェブ特集、連載、動画などのコンテンツや、全国のサロン、ショップ、スクール、イベント、求人情報などがご覧いただけるポータルサイトです。

オススメ

『記事ダウンロード』…セラピスト誌のバックナンバーから厳選した人気記事を無料でご覧いただけます。
『サーチ＆ガイド』…全国のサロン、スクール、セミナー、イベント、求人などの情報掲載。
WEB『簡単診断テスト』…ココロとカラダのさまざまな診断テストを紹介します。
『LIVE、WEBセミナー』…一流講師達の、実際のライブでのセミナー情報や、WEB通信講座をご紹介。

ソーシャルメディアとの連携

 隔月刊 セラピスト 公式Webサイト
 公式twitter「therapist_bab」
 『セラピスト』facebook公式ページ

トップクラスの技術とノウハウがいつでもどこでも見放題！

THERAPY COLLEGE

WEB動画講座

セラピーNETカレッジ

www.therapynetcollege.com　セラピー 動画 検索

セラピー・ネット・カレッジ（TNCC）はセラピスト誌が運営する業界初のWEB動画サイトです。現在、150名を超える一流講師の200講座以上、500以上の動画を配信中！　すべての講座を受講できる「本科コース」、各カテゴリーごとに厳選された5つの講座を受講できる「専科コース」、学びたい講座だけを視聴する「単科コース」の3つのコースから選べます。さまざまな技術やノウハウが身につく当サイトをぜひご活用ください！

**月額2,050円で見放題！　毎月新講座が登場！
一流講師180名以上の250講座を配信中!!**

 パソコンでじっくり学ぶ！

 スマホで効率よく学ぶ！

 タブレットで気軽に学ぶ！